KB150002

진짜 나를 발견하는 아이로 키워라

진짜 나를 발견하는 아이로 키워라

초 판 1쇄 2020년 07월 14일

지은이 지인옥
펴낸이 류종렬

펴낸곳 미다스북스
총괄실장 명상완
책임편집 이다경
책임진행 박새연 김가영 신은서
본문교정 최은혜 강윤희 정은희 정필례

등록 2001년 3월 21일 제2001-000040호
주소 서울시 마포구 양화로 133 서교타워 711호
전화 02) 322-7802~3
팩스 02) 6007-1845
블로그 http://blog.naver.com/midasbooks
전자주소 midasbooks@hanmail.net
페이스북 https://www.facebook.com/midasbooks425

ISBN 978-89-6637-820-3 03590

값 15,000원

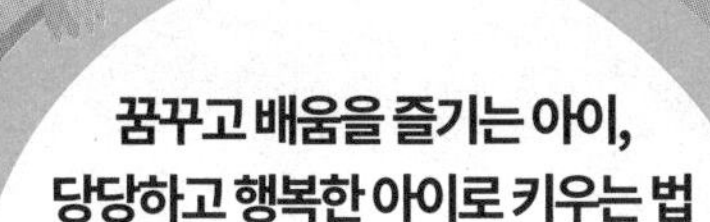

진짜 나를 발견하는 아이로 키워라

지인옥 지음

미다스북스

- 프롤로그 -

아이의 미래를 어떻게 준비해야 하는가

나는 전문 교육자는 아니지만, 이론보다는 실제로 아이를 키우며 알게 된 경험과 지혜를 나누어보고자 이 책을 쓰게 되었다. 내가 아이를 키울 때만 해도 공부만 잘하면 나름대로 자기가 공부한 분야에서 성공할 수 있었다. 하지만 지금의 초등학생들에게는 공부만으론 성공을 장담할 수 없는 미래가 버티고 있다. 앞으로 10년 이후 미래는 4차 산업혁명으로 인해 다양한 형태로 변할 것이다.

이 책이 이런 변화의 흐름에 맞추어 아이의 미래를 준비하고자 하는 부모에게 조금이나마 도움이 되기를 바란다. 그리고 아직도 사교육에 모든 것을 걸고 아이를 키우는 안타까운 부모의 마음을 두드리는 역할을 했으면 한다.

이 책에서 나는 유치원 교사이자 두 아이의 엄마로, 베이비시터로, 평생 아이들과 함께하며 깨달은 지혜와 경험을 진솔하게 다루었다. 1장에서는 아이를 어떻게 키워야 하는지에 대해 다루었다. 초등학생인 아이들의 미래를 위해서 부모의 새로운 교육관을 이야기해보았다. 4차 산업혁명 시대를 살아야 할 아이를 위한 교육을 다양한 사례를 통해 재미있게 다뤘다. 2장에서는 꿈을 가진 아이로 자라게 하는 방법을 다뤘다. 여러 방법을 통해 자녀를 꿈을 가진 아이로 자라게 하는 데 부모에게 무엇이 필요한지 의견을 이야기했다. 3장에서는 배움을 즐기는 아이로 자라게 하는 방법을 다루었다. 흥미로운 질문과 책을 통하여 배움의 즐거움을 알게 하고, 유튜브를 통해 아이의 미래를 준비하는 방법도 제시해보았다. 4장에서는 눈치 보지 않는 당당한 아이로 키우는 비결을 다뤘다. 눈치 보지 않고 표현하기, 아이의 의견 존중하기, 아이 마음 헤아리기, 부모의 감정을 솔직히 표현하기 등 부모와 아이가 자유롭게 표현하는 방법을 제시했다. 5장에서는 진짜 나를 발견하는 아이로 키우는 비결을 구체적으로 다루었다. 공감과 배려하는 마음 갖기, 자유로운 표현하기, 혼자 생각하는 힘 기르기,

미래에 하고 싶은 일 찾아보기 등 아이의 미래를 위한 방향을 제시해보았다.

나는 아이 둘을 낳아서 정성껏 잘 키우려고 노력했다. 다행히 나의 바람대로 아이들이 잘 자라주어서 나는 친구들이 부러워하는 자녀 교육에 성공한 엄마가 되었다. 아이를 키우면서 잘한 점과 잘못한 점을 참고로 하여 잘한 것은 더욱 잘하고, 잘못한 것을 보완하려 노력했다. 이런 경험과 지혜로 내가 좋아하고 잘하는 일을 찾아 베이비시터로 12년간 근무하며 아이 돌보는 일을 천직으로 여기며 살았다. 나는 아이들을 키우면서 나름 앞을 내다보는 교육에 신경 썼고, 베이비시터로 재벌가의 아이를 돌보며 변화되는 세상을 온몸으로 체험하게 되었다. 그 결과 나는 미래의 아이들 교육에 관심을 두게 되었다.

아이가 자라면서 부모의 공통된 고민은 '아이의 미래를 어떻게 준비해야 하는가'이다. 부모가 경험하지 못한 미래를 예측해서 아이를 키워야 한다는 것은 결코 쉬운 일이 아니다.

특히, 지금은 부모들이 자란 시절보다 훨씬 더 빠르게 변하는 4차 산업혁명의 시대다. 4차 산업혁명 시대에 맞는 아이의 미래를 준비하려면 부모가 많은 정보를 알아야 한다. 그리고 지금의 교육 방식과는 다른 교육관을 마련해야 한다. 나는 아이들이 인터넷과 휴대전화를 자유롭게 다루며 놀게 해서 아이들 스스로 미래를 준비하도록 했다. 마찬가지로 나는 여기서 초등 자녀를 둔 엄마와 아이의 미래를 위해 온라인 세상이나 스마트폰 또는 유튜브를 자유롭게 사용할 수 있는 방법을 함께 연구해보고자 한다.

예순의 나이에 책을 쓰겠다고 했을 때 힘찬 격려와 응원을 아낌없이 보내준 사랑하는 아들딸과 남편에게 감사를 전한다. 그리고 책을 쓸 수 있도록 많은 시간을 내주신 현이 어머니와 가족들, 이모에게도 감사를 드린다. 끝으로 이 책을 만들어주신 미다스북스 관계자분들께 진심으로 감사를 드린다.

목 차

4장 눈치 보지 않는 당당한 아이로 키우는 8가지 기술

5장 진짜 나를 발견하는 아이로 키워라

- 1 장 -

내 아이 어떻게 키워야 할까

- 1 -

4차 산업혁명 시대 진짜 꿈을 찾게 하라

"왜 공부해야 하는지,
어떻게 꿈을 찾아야 하는지를 명확히 알게 하고 싶다."

나는 아이들을 좋아하고 사랑한다. 아이들의 빛나는 눈동자를 들여다보며 이야기하는 것을 좋아한다. 그 눈동자 속에는 자유로운 상상력, 솔직한 자기표현, 미래의 경이로운 꿈이 담겨 있기 때문이다.

나는 유치원교사로 6년간 근무하면서 아이들을 가르쳤다. 결혼해서는 두 아이를 낳아 남이 부러워할 만큼 잘 키웠다. 지금은 10년 이상 베이비시터로 일하면서 아이들과 함께 인생을 보내고 있다. 명리학을 공부하신 한의사 선생님은 내가 '아이들의 소울메이트'라고 말씀해주셨다. 나는 그 말이 너무 좋아서 아이들을 보살피는 일에 최선을 다하고 있다. 내가 아이들을 키우면서 제일 관심을 가지는 부분은 '아이들의 미래와 꿈을 어떻게 이야기해야 좋은가'라는 것이다.

2017년 10월 내가 사는 아파트 근처에 '성동 4차 산업혁명 체험 센터'가 문을 열었다. 그곳은 원래 성동구민에게 추첨을 통하여 1년 동안 경작지를 무료로 빌려주는 도심형 작은 주말농장이었다. 우리도 주말농장을 하고 싶어서 해마다 신청해보았지만 당첨이 되지 않았다. 도심 한가운데에 있는 주말농장은 인기가 너무 좋았다. 그 주말농장을 지날 때면 항상 아쉬움이 남았는데, 어느 날 주말농장의 반을 없애고 조립식 건물을 짓기 시작했다. 자연 친화적인 공간을 이용해서 도대체 무슨 건물을 짓는지 몹시 궁금했는데, 완성된 건물을 보니 아이들의 미래를 위한 교육의 공간이었다.

아직 익숙하지 않은 '4차 산업혁명 체험 센터', 나는 로봇이나 드론을 가지고 노는 키즈카페인 줄 알았다. 내가 베이비시터인 관계로 키즈카페에 대한 관심이 많아 그렇게 생각했다. 그러나 알고 보니 아이들에게 4차 산업을 소개하고, 다양한 미래기술을 체험하도록 돕는 기회를 제공하는 공간이었다.

이미 4차 산업혁명은 시작되었다. 그러므로 우리는 이 혁명의 시대에 아이들의 미래를 어떻게 준비해야 할까 고민해야 한다. 최근 우리나라도 4차 산업혁명의 엄청난 변화를 겪고 있다. 인공지능, 로봇, 사물인터넷, 자율주행차, 드론, 빅 데이터, 3D프린터 등이 혁명을 이끌어갈 기술로 등장하고 있다. 이 생소한 것들이 이미 우리 생활 깊숙이 들어와 있다. 가장 눈에 띄는 것은 스마트폰이다. 스마트폰 사용으로 소비 행동과 교육 시스템이 바뀌고 있다는 것은 모두 아는 사실이다. 또한, 2016년 3월, 인간과 인공지능의 대결인 이세돌과 알파고의 대국은 실로 우리에게 큰 충격과 고민을 안겨주었다. 어린 자녀를 둔 부모에게는 '내 아이의 미래를 어떻게 준비해야 할까?'라는 과제가 남겨졌다.

내 자녀들의 초등학교 시절엔 휴대전화를 갖는 것이 모든 아이의 로망이었다. 우리 아들도 휴대전화를 갖고 싶어 했다. 하지만 어려운 살림에 선뜻 사주지 못했다. 아들은 휴대전화를 열망했고 마침내 큰고모에게 제일 비싼 휴대전화를 선물로 받았다. 아이는 뛸 듯이 기뻐하며 휴대전화 세상에 빠져들었다. 그즈음 내 친구가 컴퓨터 판매점을 오픈하게 되어 컴퓨터도 샀다. 이것은 아이에게 날개를 달아준 계기가 되었다. 아이는 신세계를 발견했고 게임 삼매경에 빠져들었다. 나는 아들이 게임의 세상에서 노는 것을 막지 않았다. 그렇다고 걱정을 하지 않은 것은 아니다. 나도 다른 엄마들처럼 아이가 게임 중독에 빠지면 어쩌나, 인터넷 세상에서 좋지 않은 영향을 받으면 어쩌나 노심초사했다. 그러나 못 하게 하면 더 하려는 것이 사람의 마음인지라 아이가 저렇게 좋아하니 그냥 지켜보자고 생각했다. 아이는 휴대전화 자판이 다 닳아서 글자가 없어질 때까지 휴대전화에 열중했다.

아이들은 자기가 원하는 것을 실컷 하고 나면 진한 성취감을 느끼고 행복해한다. 그 행복감은 또 다른 도전으로 이어져 자신의 꿈을 찾아 나서게 된다. 이것은 내 아이들이 꿈과 성공을 이룬 비결이기도 하다. 컴퓨터 게임과 휴대전화, TV를 마음껏 즐긴 덕분에 내 아이들은 모두 IT 관련 직업을 가지게 되었다. 아들은 석사 과정 마치고 대기업 반도체 연구원이 되었다. 딸은 석사 과정을 마치고 3D 컴퓨터 프로그램 개발자로 대기업 정보통신 연구원으로 일하고 있다.

나의 아이들은 밀레니얼 세대에서 성장했다. 컴퓨터와 정보기술의 발달과 함께 자라났다. 밀레니얼 세대는 대학 진학률이 높고 정보기술에 능통하며 자기표현 욕구가 강하다는 특징이 있다. 또한, 게임을 즐기면서 온라인 쇼핑을 하고 과제까지, 여러 가지 일을 동시에 할 수 있었다. 요즘은 많은 것이 더욱 빠르게 바뀌고 있다. 디지털 혁명을 가져온 정보공학기술, 생명공학 기술에 이어 인공지능이 등장하여 세상을 뒤바꿔놓고 있다. 우리는 세상이 급변하고 있는 원인을 정확히 알아야 한다. 그래야 아이의 미래를 위한 준비를 제대로 할 수 있다. 아이들의 미래를 새로운 눈으로 볼 수 있어야 한다.

내가 아이들을 키울 때는 공부만 잘해도 나름 성공할 수 있는 시절이었다. 그러나 요즘 세대의 아이들은 공부만 잘해서는 크게 성공하기 어렵다. 세상의 흐름이 바뀌었기 때문이다. 오히려 온라인 세상을 무대로 자신의 꿈을 마음껏 펼치는 사람들이 시간과 돈에서 자유로운, 진정한 성공을 이루는 경우가 많다. 현대 경영학의 창시자 톰 피터스는 『미래를 경영하라』에서 "곧 우리에게 닥칠 미래에는 지금 존재하는 사무직종의 80%가 사라진다."라고 예고했다. 공무원, 의사, 변호사, 교수, 대기업 종사자, 금융업 종사자 등이 인공지능과 로봇으로 대체될 가능성이 크다는 뜻이다. 이제는 더 이상 부모의 관점에서 아이들의 미래를 판단하면 안 될 것이다. 관점의 전환이 절실히 필요한 시기를 부모가 현명하게 성공의 기회로 만들었으면 한다.

4차 산업혁명 시대에서 어떻게 내 아이의 꿈을 찾게 할 것인가? 앞으로는 개인이 정보를 얼마나 많이 가지고 활용하느냐에 따라 수입이 결정되는 시대가 다가올 것이다. 이러한 전문직 시대에 발맞추어 정보를 어떻게 얻을 수 있을까 고민해봐야 한다.

아이의 미래를 위한 많은 정보를 얻으려면 학교나 학원 공부만으로는 어림도 없다. 4차 산업혁명 시대의 온라인 세상에서 다양한 도움을 받아야 더 많은 정보를 얻을 수 있다. 빠르게 변화하는 시대에 아직도 부모들은 컴퓨터나 스마트폰으로 아이들과 거래를 한다. 대부분 평일에는 스마트폰을 하지 못하게 한다. 가끔 아이가 성적이 좋게 나오거나 부모가 필요한 상황에서는 잠깐 스마트폰을 하는 기회를 선심 쓰듯이 준다. 주말에도 하루에 몇 시간만 하기로 정한다. 그것도 그냥 하게 하는 것이 아니라 학원을 반드시 가야 하고, 숙제를 잘해야 한다는 등 여러 조건을 붙인다. 나는 부모들이 컴퓨터나 스마트폰으로 아이들을 감질나게 하지 않았으면 좋겠다. 개인 컴퓨터나 스마트폰, 유튜브의 세상이 미래 내 아이의 직장이 될 수 있다는 것을 알게 되어도 그렇게 못 하게 할 것인가?

지금이라도 아이가 자신의 미래를 준비하기를 원한다면 컴퓨터나 스마트폰, 유튜브 세상에서 마음 편히 놀며 즐기게 해주기를 바란다. 아이들이 온라인 세상에 흠뻑 빠져서 정보를 얻다 보면 진짜 자신이 원하는 꿈을 발견하게 될 것이다. 정말로 그렇게 된다. 아이를 믿어주기만 한다면 말이다.

이제는 세상의 흐름에 따라 남들만 쫓아가는 삶을 멈춰야 한다. 그리고 미래에 통할 다른 방법을 발견해야 한다. 어떤 사람들이 꿈을 이루는지, 어떤 사람들이 자기만의 꿈을 위해 강력한 방법을 개발하는지 끊임

없이 연구해서 아이와 충분히 대화해야 한다.

나는 아이들에게 대기업에 취직하는 것이 성공이라고 입버릇처럼 말해왔다. 하지만 직장은 영원하지 않을 뿐더러 월급만으로는 서울에 아파트 한 채 마련하기 힘든 세상이 되었다. 내 아이들에게 내가 배운 세상의 기준을 제시했던 나는 현명한 엄마가 아니었다. 그래서 나는 책을 쓰기로 했다. 첫 번째는 나의 사랑하는 아이들을 위해서다. 직장도 좋지만 다른 자유로운 세상도 있음을 알려주기 위해서다. 그다음은 아직도 공부만 잘하면 성공한다고 믿고 있는 젊은 부모들에게 나의 경험과 지혜를 나누고 싶다. 미래의 소중한 아이들에게 최소한 왜 공부해야 하는지, 어떻게 꿈을 찾아야 하는지를 명확히 알려주고 싶다.

- 2 -

지금 엄마에게 필요한 건 새로운 교육관이다

"주입식 공부보다 온라인 세상에서
힘차게 꿈을 펼쳐야 하는 때가 되었다."

아이의 인생은 엄마가 '아이를 얼마나 잘 아는가'에서부터 시작된다고 생각한다. 요즘 엄마들은 관심을 가지고 아이가 원하는 것이 무엇인지 알고자 노력한다. 그리고 아이를 어떻게 키워야 하는지 깊이 고민하며 살아가고 있다. 아이가 인생을 원하는 대로 살게 하는 데 가장 중요한 것이 엄마 스스로 내면의 목소리에 귀를 기울이는 것이다. 엄마는 끊임없이 아이의 미래를 생각하고 지금 잘하고 있는지 스스로 질문해야 한다.

그리고 아이를 위한 엄마만의 확실한 교육 방침이 있어야 한다. 요즘 엄마들은 '나'보다는 학교나 학원, 옆집 엄마의 정보에 기대려고 한다. 그러한 의존이 아이의 인생에 얼마나 큰 도움이 되는지, 해로움이 되는지 따지지도 않는 것 같다.

나는 베이비시터로 일하면서 내가 돌보는 아이가 학원에 갈 때 같이 가서 기다린다. 보통 짧게는 한 시간, 길게는 2~3시간을 기다려야 할 때가 있다. 아이가 공부하는 동안 산책을 하거나 카페에서 차 한잔 마시며 책을 읽는다. 그러나 가끔, 밖에 나가기 귀찮으면 학원 학부모 대기실에서 시간을 보낸다. 그럴 때면 자연스럽게 주변 엄마들의 대화를 듣게 된다.

엄마들의 공통된 주제는 아이들의 공부에 관한 이야기다. 어느 학원이 얼마나 더 성적을 잘 내는지, 선행 학습을 시키려면 어떻게 해야 하는지 서로 정보를 교환한다. 어떤 선생님이 더 잘 가르쳐서 대단한 성과를 내는지 그 선생님의 과외비는 얼마인지에 대한 고급 정보는 비밀스럽게 전달된다. 아직도 대치동 학원가에는 대기 순서를 기다리며 초조해하는 엄마들이 많다. 꼭 그 학원에 가야만 성공한다고 믿는 것 같다. 나는 엄마들이 아이들 공부에 많은 시간과 노력과 거액의 돈을 쓰며 초조해하는 것이 안타깝다.

지금 젊은 엄마들의 세대는 그야말로 치열한 교육열 속에서 어린 시절을 보냈다. 학교와 학원을 병행하며 정말이지 공부에 목숨을 걸고 살아 온 세대다. 그렇게 공부에 모든 것을 걸었던 결과는 과연 어떠한가? 그 치열했던 공부가 인생을 성공으로 이끌었는가? 그렇지 않다! 지금 그 세대가 사회에서 점점 무너지고 있다. 그런데도 그 치열한 교육열은 현재까지 이어지고 있다. 엄마의 세대와 별반 다르지 않은 모습으로 아이들을 키우고 있다는 말이다. 시대가 바뀌고 있는 중에도 엄마들은 아직도 의사, 변호사, 교사, 대기업 종사자 등을 최고의 직업이라고 생각한다. 20년 후 미래 사회에서는 인공지능 시스템에 의해 사라질 가능성 있는 직업으로 꼽히는데도 말이다.

영준이는 내 친구의 아들이다. 그 아이는 어려서부터 영리하고 똑똑했다. 유치원은 물론 초등학교에서도 언제나 전교 1등을 했다. 초등학교 고학년부터는 학교를 넘어 경기도 1등을 놓치지 않았다. 그런 아들이 자랑스러운 내 친구는 아들이 계속 1등 자리를 유지하기를 바랐다. 좋은 학원은 물론 유명한 선생님께 거액의 돈을 주면서까지 아이를 맡겼다.

아이는 엄마 말을 잘 따라주었고 중학생이 된 3년 동안도 경기도 1등은 영준이 차지였다. 그런데 문제는 영준이가 고등학생이 되면서 시작되었다. 계속 1등만을 향해 달려가던 영준이가 고등학교 들어가면서 1등을 놓치고 만 것이었다. 1등만 향해 달려오느라 팽팽해진 긴장의 끈이 갑자기 끊어져버린 것이다. 아이는 좌절했고 공부에서 손을 떼었다. 내 친구는 별별 방법을 다 동원해 아이를 설득했지만 아이 마음을 돌이키지 못했다.

영준이는 고등학교 2~3학년 때 그동안 공부하느라 못 해봤던 많은 것을 하면서 바쁘게 지냈다. 아이는 고3 때 수능을 보고 수능 점수에 따라 지방의 전문대학에 입학했다. 지금은 자기가 하고 싶은 일을 하며 재미있게 산다. 영준이는 자신의 내면에 자리했던 사고의 틀을 깨고 자유를 얻은 것이다.

엄마들은 아이가 공부를 잘하면 더 잘하기를 부추긴다. "다 너를 위해서야!"라는 말로 아이가 앞만 보며 달리는 공붓벌레가 되기를 바란다. 아이가 1등 하면 엄마도 1등이다. 그래서 다른 엄마들의 부러움을 사고 특별 대우를 받는다. 그러나 다음번에 1등을 못 하면 모든 특별 대우를 내려놓아야 한다.

한 번 1등을 해본 아이의 엄마는 자신이 누리던 혜택의 맛을 잊지 못하고 아이를 계속 재촉하게 되는 것이다. 그리하여 엄마가 이루지 못한 것, 엄마에게 없는 것을 아이에게 바라게 된다. 엄마의 바라는 마음은 점점 더 커지고 아이는 점점 지쳐간다. 엄마는 아이들이 지쳐가는 것을 안다.

하지만 모르는 척 외면한다. '공부 잘해야 성공한다. 안정적인 직장을 가지려면 공부 열심히 해야 한다. 조금만 참아라!' 이런 말들을 마법의 주문처럼 사용하면서 말이다.

모든 아이에게는 자신이 좋아하는 꿈을 찾고 그것을 향해 나아갈 권리가 있다. 아이의 재능과 적성을 찾게 하고 그것을 이룰 수 있도록 도와주는 것이 엄마가 해줄 수 있는 가장 좋은 선물이다. 현재의 학교 교육은 특별한 재능이 있는 아이도 기본 점수가 나와야 대학교에 진학할 수 있게 되어 있다. 그러다 보니 아이의 재능에 필요 없는 공부도 억지로 해야 하는 상황이다.

학교는 지식만 전달하는 곳이 아니다. 배움을 얻으러 가는 곳이다. 선생님들의 지혜도 배우고 친구들과 어울려 함께 자라며 꿈과 행복을 만들어가는 곳이다. 하지만 지금의 학교는 남보다 더 좋은 점수를 얻는 능력만 중요시하는 것 같다. 그러다 보니 친구들과도 경쟁하게 되고 경쟁에서 밀려나지 않으려고 전전긍긍한다.

내 아들은 어려서부터 축구를 너무 좋아하고 잘하기도 했다. 아이는 4학년 때 축구선수를 시작했다. 축구선수를 하려면 학교에 일찍 가서 수업하기 전에 연습해야 한다. 7시까지 학교에 도착하려면 적어도 6시 전에는 일어나서 준비하고 가야 했다. 나는 아이에게 "엄마는 일찍 일어나지 못하니까 선수를 하려면 스스로 일어나서 가야 한다."라고 말했다. 그런데 축구가 얼마나 좋았으면 잠꾸러기였던 아이가 깨우지 않아도 일어나서 준비하고 학교에 갔다. 그 이후로 나는 한 번도 아이를 깨우는 일이 없었다. 아이는 열심히 축구부 생활을 했다. 훌륭한 축구선수가 되는 것은 아들의 꿈이었다.

아이가 축구를 잘해서 6학년 때 축구 명문 중학교에서 스카우트 제의가 들어 왔다. 아이는 축구를 할 수 있는 중학교에 가고 싶어 했지만 내가 반대했다. 평생을 살아가는 직업으로 축구가 적당하지 않다고 생각했기 때문이었다. 아들은 축구 명문 학교에 가고 싶어 했으나 나는 내 생각을 굽히지 않았다.

결국, 아이는 축구를 포기했다. 그렇게 꿈을 접어야 했던 아들은 많이 방황했다. 지금도 그때를 생각하면 가슴이 무겁고 미안한 마음이 앞선다.

다행히 아이는 방황을 마치고 공부를 시작하게 되었다. 늦게 시작한 공부라서 다른 아이들보다 3~4배 이상 열심히 노력했다. 아이는 고등학교에 전교 200등으로 들어갔는데 고등학교 3학년 1학기 중간고사는 전교 3등이라는 성적을 이루어냈다. 특별한 사교육 없이 죽을힘을 다해서 아이 스스로 이루어낸 결과였다. 그때 아이가 내게 한 말은 "엄마, 이제 됐어요!"였다. 아이는 스스로 자신의 목표와 꿈을 완벽하게 이루어낸 것이다.

자녀 교육에 정답은 없는 것 같다. 자녀 교육에 대한 수많은 조언과 성공법이 있지만 가장 필요한 것은 엄마가 자녀에 대해 새로운 교육관을 갖는 것이다. 공부만 잘하면 된다는 무책임한 말은 하지 말자.

이제는 아이가 가슴 뛰는 일을 찾게 도와주어야 한다. 아이들 스스로 하고 싶은 것을 하며 살아갈 수 있는 길을 열어줘야 한다. 아이의 재능을 활짝 펼 기회를 제공하는 것이 엄마의 몫이다. 아이의 미래는 4차 산업혁명 시대에 맞추어 준비되어야 한다. 4차 산업혁명 시대를 준비하려면 엄마가 새로운 교육관으로 무장해야 한다. 앞으로의 시대는 컴퓨터나 스마트폰을 이용하고, 온라인 세상에서 힘차게 꿈을 펼쳐야 하는 때가 되었다. 그러므로 시대의 흐름에 맞는 엄마의 새로운 교육관이 절실히 필요하다.

- 3 -

주입식 교육
언제까지 유효할까

"새로운 변화를 이어갈 수 있는
새로운 사고와 창의적인 생각을 가져야 한다."

사람은 어린 시절 어떤 환경에서 무엇을 배우는가에 따라 인생의 방향이 정해지는 경우가 많다. 나 또한 어린 시절에 배웠던 주산으로 여상을 선택했다. 여상에서 배운 공부가 내 삶에 많은 영향을 주었지만, 그 공부로 인생을 살지는 않았다.

내가 어렸을 때는 상고가 유행이었다. 그 당시 상고 졸업생이 지니는 의미는 특별했다. 전국의 명문 상고로 꼽히는 학교에는 가난하지만 머리 좋은 수재가 많이 입학했다. 상고 출신 수재들은 각계에서 두각을 보였다. 그래서 나는 여상에 가면 성공하는 인생을 살게 될 줄 알았다.

나는 여상에 가려고 학교 공부를 열심히 했다. 학교에서 배운 공부와 문제집을 달달 외웠다. 그때는 모두 그렇게 공부했다. 주입식 교육의 표본으로 공부한 것이었다. 주입식 교육 방법은 아무리 노력해도 단기성 기억이 될 수밖에 없다. 지적 수준을 높이는 방식은 아니다.

나는 국민학교 시절에 학교를 다녔다. 지금은 초등학교로 명칭이 바뀌었지만, 내가 학교 다닐 때는 국민학교였다. 요즘 초등학교 아이들은 수학학원에 다니기도 하고, 어려운 문제는 전자계산기로 쉽게 답을 얻는다. 내가 초등학교 다닐 때는 주산과 암산을 잘해야 수학 성적을 올리는데 유리했다. 그래서 주산 학원은 인기가 많았다. 나도 초등 3학년 때부터 주산 학원에 다녔다. 주산 학원에 다니려면 보수표도 외워야 하고 구구단도 잘 외워야 했다. 나는 구구단 7단과 8단이 너무 어려워서 아무리 해도 외워지지 않았다. 그뿐만 아니라 보수표 외우는 것도 내게는 쉽지 않았다. 나는 주산 학원에 가는 것이 재미없었다. 학원을 빠지면 할머니께 혼나니까 마지못해 다녔다.

학원에서는 선생님이 계산할 숫자를 불러주시면 주판으로 계산해서 답을 써야 했다. "136이요, 521요, 798이요……." 선생님은 속사포로 숫자를 부르시고, 우리는 엄지와 검지를 사용해 열심히 주판알을 튕겼다. 선생님이 숫자 부르는 속도를 따라가지 못하면 나는 손가락만 움직이면서 창밖을 내다보며 딴생각을 하기 일쑤였다. 어떤 때는 고학년 언니처럼 현란하게 손가락을 놀리다가 선생님께 꿀밤을 맞기도 했다. 학원은 열심히 다녔으나 나는 같이 다닌 친구들보다 급수를 높이지는 못했다. 주산은 내가 원하는 공부가 아니기 때문이었다. 그래도 나는 주산을 배웠기 때문에 여상을 지원하는 계기가 마련되었다. 나는 상과와 인문과가 함께 있는 종합 고등학교 상과 반에 입학했다.

주입식 교육은 학교에서 배우는 교과 과정을 중심으로 지식을 주입하는 공부 방식이다. 대부분 내용이 정해져 있고 일정한 공식들이 존재한다. 그래서 배우는 학생은 요점만 파악하면 별 어려움 없이 학습할 수 있다. 이 과정에서 필요한 것은 암기다. 암기능력은 두뇌 활동에도 도움이 되고 아이들은 새로 배운 것을 외우며 빠르게 뇌의 능력을 향상한다. 하지만 정답을 알아내는 과정이 쉽지 않고 다양한 방법으로 접근하는 것이 어렵다. 아이들의 원활한 사고력을 키우는 데는 한계가 있다. 그래서 아이의 생각이 일반적인 결과와 다르면 자신이 틀렸다고 여길 수도 있다. 결과적으로 흥미와 능력 향상에 다소 어려움을 느낄 수 있는 공부 방식이다. 그래서 창의성이 없는 공부법이라고 한다. 즉, 창의성은 다양한 경험에서 나오는데 모든 것이 암기로 이루어진 주입식 교육은 정해진 틀을 벗어나지 못한다. 주입식 교육은 설명하기 어려운 대상도 빠르게 흡수해야 하므로 문학, 철학, 역사, 과학까지도 전부 외워야 할 대상으로 바라본다. 물론 암기를 해서 알아둬야 하는 것도 많이 존재한다. 하지만 모든 문제를 주입식으로만 해결하려고 해서는 안 된다.

나영이는 어려서부터 그림 그리는 것을 좋아했다. 종이와 크레파스만 있으면 세상 행복한 아이였다. 나영이 엄마는 아이의 재능을 키워주려고 유치원 때부터 미술학원에 보냈다. 나영이는 자기 나름대로 자유롭게 그림을 그리는 것을 좋아하는 아이였다. 그런데 미술학원에서는 그림을 그리는 방식을 배우게 되었다. 미술대회에 나가서 상을 탈 방법으로 그림을 그리게 했다. 나영이는 미술대회에 나가서 여러 차례 상을 받았다. 나영이가 상을 타오면 엄마가 너무 좋아했고 친구들이 부러워했다. 그 재미에 나영이는 상을 타기 위한 그림을 그리는 재미에 푹 빠지게 되었다. 그러면서 아이의 자유로운 그림은 점점 형식적인 그림으로 변해가기 시작했다. 나영이와 엄마는 학원에서 배운 대로 그림으로 상을 많이 타면 유명한 화가가 된다고 믿었다. 아이는 열심히 그림을 그렸고 초등학교, 중학교를 거쳐 고등학생이 되었다. 나영이는 고등학교를 졸업할 무렵 미국으로 유학을 떠났다. 그러나 나영이는 유학 생활에 적응하기 어려워했다. 창의성을 요구하는 미국의 대학에서는 자신이 배운 것과 너무 다른 방식의 공부를 해야 하기 때문에 많이 힘들어했다. 좋은 결과물을 만드는 방법만 익혔을 뿐, 그 결과물이 어떠한 이론을 기준으로 만들어지는 것인지는 생각하지 못했던 것이었다. 완벽한 결과물보다 어떤 생각으로 그 작품을 만들게 되었는지에 더 초점을 두는 공부 방식에 적응하지 못했다. 미국의 공부 방식에 적응하지 못한 나영이는 유학을 포기하고 돌아오고 말았다. 결국, 현재 자신이 어린 시절 배운 주입식 미술 교육을 바탕으로 미술학원을 운영하고 있다.

분명 주입식 교육으로 성공하실 수 있는 분야는 반드시 존재한다. 하지만 나의 의견으로는, 미술과 같은 창의성이 요구되는 분야에서 주입식 교육은 적합하지 않다고 생각한다. 미술이나 예체능 모두 주입식으로 성공할 수는 없다.

아이의 성적을 높이는 방법이 목적이면 얼마든지 주입식 교육을 해도 된다. 하지만 틀에 박힌 주입식 교육이 아이의 미래에 어떤 결과를 만들어 낼 것인지에 대해서는 좀 더 고민해봐야 할 문제다. 남들 다 하는데 나만 안 시킬 수 없다는 이유로, 아이가 학원에 다녀야만 안심이 된다면 다시 한 번 생각해볼 일이다. 아이들은 만나게 되는 교사의 자질에 따라 전혀 다른 배움을 하게 된다. 학교나 학원은 교사가 원하는 틀에 지식을 담아서 빨리 진도를 뺍는다. 학습 진도에 맞추는 주입식 형태의 교육이 대부분이다. 아이에게 어떤 영향을 주든, 이해했든 말든 상관없이 정해진 분량을 설명하고, 시간에 충실하게 교육량을 채우면 그것으로 교사의 책임은 다한 것이다. 주입식 교육은 교사에게 편리한 교육 방법이다.

교육 진도에 맞춰 수업을 진행했으니 교사의 의무도 다한 것으로 생각한다. 그러나 모든 교사가 다 그런 것은 아니다. 교사 중에도 사명감도 투철하고 뛰어난 분이 많다. 다만 그들의 이상을 펼칠 수 있는 시스템이 부족할 뿐이라서 안타까운 것이다.

이제 4차 산업혁명 시대가 도래하면서 인공지능이 할 수 있는 부분들이 많아졌다. 특히, 지금까지 주입식 교육으로 쌓아왔던 지식은 모두 인공지능으로 대체할 수 있게 되었다. 따라서 앞으로는 주입식으로 키워진 인재가 아닌 인공지능이 할 수 없는 것을 잘할 수 있는 인재가 필요한 시기가 되었다. 이제는 '인공지능이 할 수 없는 것은 도대체 무엇일까?'를 생각해야 한다. 예전에는 계산을 잘하고, 여러 공식을 만들어내는 것이 중요했다. 앞으로는 다양한 경험을 통해 창의적으로 문제를 해결할 수 있는 인재가 필요하다. 생각을 뒤집고 새로운 변화를 이어갈 수 있는 새롭고 창의적인 생각을 가져야 한다. 이런 생각의 과정들을 통해 열정과 능력이 생기게 된다.

지금까지의 주입식 교육은 유효기간이 끝났다. 그러므로 이제 아이들이 즐겁고, 창의적이고, 논리적이며 열정적으로 새로운 것을 창조해낼 수 있는 교육으로 바뀌어야 한다.

- 4 -

아이의 미래는 엄마의 미래와 다르다

"엄마의 세대와 완전히 다른
아이들의 미래를 어떻게 준비시킬 것인가."

엄마는 아이에게 세상에서 가장 좋은 것을 다 쏟아주고 싶어 한다. 그리고 아이의 미래가 자신의 세상보다 훨씬 밝고 행복하기를 소망한다. 그러나 정작 엄마들은 자신이 아이에게 얼마나 많은 영향을 끼치는지 모른다. 그래서 은연중에 자신의 고정관념의 틀에 아이들을 맞추어 키우려 한다.

엄마들은 세상이 빠르게 변하기 때문에 아이의 교육도 변해야 한다고 말한다. 하지만 현실은 엄마 세대의 틀에서 벗어나지 못하는 교육 방식으로 아이를 키운다. 엄마들이 어렸을 적 교육받은 결과로 나타난 미래가 지금의 모습이다. 아이들은 지금 시작해서 앞으로의 미래를 이루어가야 한다. 엄마의 세대와 완전히 바뀌게 될 아이들의 미래를 어떻게 준비할 것인지 고민해봐야 할 시기다.

"엄마, 나 배 아파! 학교 못 갈 것 같아요." 아침에 일찍 깨워 준비시켜놨더니 초등학교 3학년 딸아이는 꾀병을 앓는다. 오늘이 처음이 아니다. 딸아이는 툭하면 배 아프다, 머리 아프다는 핑계로 학교에 가기 싫어했다. 그럴 때면 잠시 생각을 해보고 "그래, 오늘 하루만 쉬는 거야. 내일은 꼭 가야 해!"라고 말하며 아이의 꾀병을 받아줬다. 딸아이는 신나는 기분을 억지로 감추려 노력하며 아픈 척 소파에 누워 TV 리모컨을 집어 든다. 딸아이는 TV 보는 것이 취미를 넘어 특기였다. TV 프로그램 편성표를 다 꿰고 있을 정도로 좋아했다. 식구 중에 누가 보고 싶은 방송이 있으면 딸아이에게 물어본다. 그러면 아이는 신나게 채널과 방송시간을 정확하게 알려줬다. 그 당시 딸아이는 TV 미디어 세상에서 자기만의 꿈을 찾고 있었는지도 모르겠다.

나는 아이들을 키우면서 웬만하면 아이들이 하고자 하는 것을 말리지 않았다. 그 이유는 내가 어릴 때 귀에 못이 박이도록 들은, 틀에 박힌 금지 사항들 때문이었다. '아파도 학교 빠지면 안 된다, 복도에서 뛰면 안된다. 밥 남기면 안 된다, 밥 먹을 때 말하면 안 된다, 왼손으로 글씨 쓰면 안 된다' 등등 나는 안 되는 것이 많은 세대를 살았다. 나는 그 안 되는 것 때문에 사회생활을 하면서 안 되는 틀에 갇혀서 뛰어넘지 못했던 것들이 너무 많았다. 그래서 나는 아이들을 키우면서 정말 위험한 일 아니면 안 된다고 말하지 말자고 다짐했다.

엄마는 때로 대범함을 보여야 할 때가 있다. 자식에 대한 자신만의 교육관이 뚜렷할 때 그 대범함이 발휘된다. 주변 사람들의 따가운 눈초리에도 흔들리지 않는 일관성을 발휘해야 아이의 장래가 밝게 빛나리라 생각한다. 아이들이 맞이해야 할 미래 사회의 변화에는 여러 가지 의견이 많다. 변화의 속도도 엄마들 세대와는 엄연히 다르게 빠르다. 중요한 것은 엄마들이 이렇게 변하는 미래를 인정해야 아이들의 장래가 밝아질 수 있다는 것이다. 요즘 부모들이 교육을 받았던 시대의 규칙은 그 전 세대의 규칙을 반영한다. 즉 부모의 부모 세대, 20년 전 시스템과 사고를 교육받은 것이다. 지금 교육받는 우리 아이들은 앞으로 20년이 지나서야 사회에서 자신의 역량을 펼치게 될 것이다.

20년 전 엄마가 배웠던 부모님의 아날로그 방식이 미래의 아이들 세상에도 통하리라 생각하는가? 미래에 대해 고민하지 않고 지난 부모 세대의 경험으로 모든 것을 짐작해서 밀어붙이지는 않는지 생각해볼 문제이다.

딸아이는 초등시절 내내 꾀병을 즐기며 TV와 친구로 지내고 중학교에 입학했다. 중학교에 입학하고는 꾀병이 씻은 듯이 나았다. 학교를 한 번도 빠지지 않고 잘 다녀서 개근상을 받아왔다. 사교육 없이 공부도 잘했다. 나는 아이가 달라져 가는 모습이 너무 신기했다. 그냥 아이가 하고 싶다는 대로 믿어주고 인정해주기만 했을 뿐인데 아이 스스로 변화를 일으킨 것이다.

내가 아이들을 키우면서 가장 크게 얻은 지혜는 아이들은 자기를 믿고 기다려주기만 하면, 스스로 자기의 꿈을 발견하고 그것을 이루기 위해 노력을 한다는 것이다. 아이들은 멀리 보고 키워야 한다. 멀리 보고 키우면 작은 일에 마음이 흔들리지 않고 대범하게 아이를 키울 수 있다. 내 딸아이는 학교 공부만으로 중학교 고등학교를 거쳐 대학에서 미디어 관련 학과 공부를 했다. 초등학교 시절 친구 삼았던 미디어의 세계를 자신의 꿈과 연결한 것이었다. 지금은 대학, 대학원 공부 마치고 '3D 컴퓨터 프로그램 개발자'로 대기업 연구원으로 일하고 있다.

전문성의 기초는 어릴 때 형성된다고 본다. 일부는 '전문성'이라는 개념을 이해하지 못하는 사람들이 있다. 아이들은 전문성을 가질 수 없다거나, 석사, 박사라야만 전문성을 갖추었다고 생각한다. 전문성이란 대단한 지식을 가지거나 특별한 공부를 많이 하는 것 만을 의미하지않는다. 전문성은 한 분야에서 아주 깊이 있게 아는 것을 말한다.

전문성은 선천적으로 가지고 태어나는 것이 아니다. 주위 환경이나 교육하는 사람을 통해서 자연스럽게 배우는 것이다. 아이의 두뇌는 독특한 방법으로 신경이 발달하여 완전한 적응을 이루어낸다. 이것이 바로 아이의 전문적인 재능을 끌어내는 통로가 된다. 가능하면 어린 시절에 아이의 호기심에 따라 전문성을 배우도록 잠재된 재능을 자극하자. 이때 형성된 아이의 깊은 전문성이 청소년기에 발달하는 추상적 사고력을 만나면 아이는 세상을 바꾸는 미래의 인재가 되는 것이다.

"엄마, 스마트폰 이리 줘봐!" 내가 스마트폰에 정보 입력을 잘 못해서 끙끙거리고 있을 때면 딸아이가 항상 하는 말이다. 그러면서 "내가 결혼을 안 하려고 해도 엄마처럼 될까 봐 결혼해야겠어! 내가 엄마 나이 돼서 이렇게 적응 못 하는 부분이 생기면 도와줄 자식이 있어야 할 것 같아." 라고 한다.

그렇다, 내가 자란 시절의 문명과 내 딸이 자란 시절의 문명의 차이는 무척 크다. 딸아이에게는 아주 쉬운 일이 내게는 너무 복잡하고 어려운 일이다. 그러니 딸이 내 나이가 되었을 때 어떠한 세상의 문명이 열릴지는 아무도 모른다. 이렇게 '아이의 미래는 엄마의 미래와 다르다!'

인공지능 시대에는 창의성을 키우기 위한 개념화 능력이 필요하다. 개념화 능력은 새로운 사고방식이고 무언가 하나에 집중하는 힘이다. 개념화 능력 중 하나가 자기도 알고 타인도 알 수 있도록 명확한 이미지로 표현해내는 능력이다. 이제 창의적인 개념화 능력을 길러주어 아이들이 미래에 적응할 수 있도록 방법을 찾아야 한다. 개념화 능력을 기르려면 어떠한 현상을 한 차원 높이 또는 깊이 보아야 한다.

키이스 호가트 영국 킹스칼리지 런던대 부총장은 "글로벌 시대의 특징은 융합이다. 인문학자처럼 글 쓰고, 과학자처럼 분석해야 융합시대의 리더가 될 수 있다. 그러기 위해서는 학생들이 진정으로 관심 있는 분야를 전공으로 삼아야 하고, 분석력을 키워서 배운 지식을 다른 분야에 적용할 수 있어야 한다."라고 했다.

개념화 능력을 향상하는 가장 좋은 방법은 글을 쓰는 것이다. 글쓰기에서 가장 중요한 부분은 바로 '특정 주제'에 중점을 맞춰야 한다는 것이다. 하나의 개념을 가지고 끝까지 주제를 변함없이 써 내려가야 한 권의 책이 탄생할 수 있다. 그러므로 개념화 능력을 향상하고 발휘할 수 있는 최고의 방법은 자신의 책을 쓰는 것이다. 내가 가진 생각과 경험을 하나의 개념화된 주제에 맞게 한 권의 책으로 담아내는 것이다. 글로벌 시대를 살아가야 할 아이들이 반드시 거쳐야 할 과정 중 하나다.

한마디 말보다 강력한 것이 글이고, 글보다 더 강력하고 정확한 것이 책이다. 아이의 미래가 엄마의 세상보다는 훨씬 밝고 행복하기를 소망한다면 아이와 함께 책을 써보는 방법을 추천한다.

"성공해서 책을 쓰는 것이 아니라, 책을 써야 성공하는 것이다."

아이들의 미래에는 인터넷의 발달로 1인 창업이 유망 직종으로 떠오르게 될 것이다. 1인 창업으로 빠르게 성공하려면 제일 먼저 책을 쓰는 것이 좋다. 개인의 전문성을 바탕으로 책을 써서 본인의 이름을 브랜딩한다. 그리하여 인터넷 카페, 블로그, SNS, 유튜브 등을 이용해 홍보하고, 상담과 교육과정을 통해 수강료 받고 자기만의 노하우를 전해주며 사회에 유익한 영향력으로 자리 잡게 된다.

지혜로운 엄마에게 아이의 미래를 위해 아이와 함께 책 쓰기에 도전해 볼 것을 추천한다.

대한민국의 마술사, 일루셔니스트, 이은결

이은결은 중학교 3학년이었던 1996년에 마술을 처음 시작했다. 어렸을 때는 끼가 많아서 코미디언이 되고 싶었으나, 초등학교 3학년 때 서울로 이사를 오면서 성격이 내성적으로 바뀌었다고 한다.

이은결은 부모님이 '마술이 대인관계에 좋다.'라는 신문 광고를 보고 학원에 다녀보라고 권유하여 마술학원에 다니게 되었다. 이것이 그가 꿈을 이루고 성공으로 가는 기회가 되었다. 그는 마술이 자신의 적성과 맞았고 고등학교 2학년 때부터는 마로니에 공원에서 토요일마다 거리 공연을 할 정도로 활동적인 성격이 되었다.

그의 부모님은 아들의 진로에 대해 간섭하지 않았다. 그런 자유는 이은결을 일루셔니스트로 만드는 비결이기도 했다. 그렇다. 부모가 너무 간섭하면 잘될 아이도 안 풀리는 법이다. 이은결은 "아이가 하고 싶은 것을 하게 해주는 부모들이 많아졌으면 좋겠다."라고 말한다.

이은결은 한국인 최초로 국제마술대회에서 그랑프리를 수상했다. 이후 대규모 국제 마술 대회에서 연이어 우승하며 자신의 이름을 세계에 알렸다. 현재 이은결은 마술사라는 호칭보다는 공연 기획자인 '일루셔니스트'라고 불리길 원한다.

- 5 -

학벌이 아이 인생의 성공을 의미하지 않는다

"번듯한 직장이
진정한 성공을 의미하는 것은 아니다."

공부를 잘해서 좋은 학벌을 갖는 것은 모두의 바람이다. 아이가 태어나서 성장하는 과정 중에 공부는 필수 코스로 자리 잡았다. 우리나라는 의무교육의 시행으로 태어나는 모든 어린이는 교육을 받을 권리와 의무를 준다.

우리나라의 모든 국민은 6년의 초등 교육과 3년의 중등 교육을 받을 권리가 있다. 현재는 고등 교육도 의무교육 실시단계에 있다. 국가와 지방 자치 단체는 교육을 위하여 학교를 설치해 운영해야 하며, 모든 국민은 자녀에게 교육을 받게 할 의무가 있다.

또래 아이들이 똑같은 교과 과정을 통해 똑같은 교육을 받는 것이 의무교육이다. 똑같이 교육을 받기 때문에 친구들과의 경쟁은 불가피하다. 남다른 열정을 가진 부모들은 다른 아이보다 자기의 아이가 월등히 좋은 점수를 받기 원한다. 그래야 자신의 아이가 명문대에 갈 수 있다고 생각하기 때문이다. 이러한 교육 심리를 이용한 사교육의 미래 마케팅은 아이들을 사정없이 학원으로 내모는 현상을 만들었다. 좋은 학벌과 스펙이 성공의 지름길이라고 생각하기 때문이다.

이웃에 젊은 회계사 부부가 살고 있다. 그 젊은 부부는 명문 대학교에서 선후배 사이로 만나 사랑하게 되었다. 두 사람은 대학을 졸업하고 대학원 과정을 함께 마쳤다. 대학원 과정을 마친 그들은 동업으로 회계사 사무실을 오픈했다. 두 사람은 열심히 노력해서 빠른 시일에 자리를 잡게 되었고 사무실이 안정되자 결혼을 했다. 결혼 후 아이가 생기서 아내는 직원을 채용하고 육아에 전념하였다. 사무실은 전적으로 남편이 운영하게 되었다. 사무실은 높은 수익을 창출하며 성공적으로 운영되었다. 사무실을 오픈한 지 7년쯤 되었을 무렵 남편이 유학 가고 싶다고 말했다. 박사 학위가 필요하다는 이유에서였다. 외국에 가서 박사를 취득해오면 더 크게 성공할 수 있으리라 생각했다. 부인은 반대했다. 잘 운영되던 사무실을 정리하기도 아깝지만, 보통 4~5년 정도의 시간과 막대한 돈을 들여 박사 학위를 취득하는 것이 무조건 성공이 아니라고 생각한 것이다. 두 사람 사이에 그 문제로 다툼이 잦았고, 결국 그들은 좀처럼 의견 차이를 좁히지 못하여 별거를 결정하고 남편은 미국으로 떠나고 아내는 아이와 한국에 남게 되었다.

나는 이 부부를 지켜보며 마음이 아프고 많은 생각을 하게 되었다. 최고의 학력이면 진정한 성공이 될 수 있을까? 사람들은 그렇다고 대답할 것이다. 나도 그렇게 알고 오랜 시간 공부를 많이 해야 성공한다고 입버릇처럼 말했다. 하지만 내가 베이비시터로 부자들의 삶을 지켜보며 알게 된 것은, 부자들의 성공과 최고 학력과는 크게 상관이 없다는 것이다. 고학력자로 자수성가한 사람들보다는 학력이 높지 않아도 크게 성공한 사람들이 더 많다는 것이다. 오히려 고 학벌인 사람들은 주로 공무원, 공기업, 대기업 등에서 월급 받는 직장인으로 살아가는 사람들이 많다. 사업이나 창업을 하기보다 매달 월급을 받으며 안정적인 생활을 하는 것이 현명하다고 생각하기 때문이다.

미래에는 학벌이 사회적 성공을 이루는 전부가 아니라는 것을 알게 될 것이다. 요즘 우리나라에서는 학벌이 신분 상승으로 가는 지름길이 아니라는 것이 증명되고 있다. 학벌과 스펙 위주의 공부로는 신분 상승은 커녕 삶의 자리마저 흔들릴 수 있는 상황에 놓일 수도 있을 것이다. 이렇게 학벌과 스펙만으로 성공할 수 없는 시대가 되어가고 있는데, 아직도 부모 세대의 성공 공식을 놓지못하는 많은 부모가 자녀들을 위해 엄청난 교육비를 지출하고 있다. 그러나 언젠가는 깨닫게 될 것이다. 경제적 관점에서 교육은 수익이 생각보다 좋지 않은 투자라는 것을! 그렇다고 무작정 공부를 시키지 말라는 뜻은 아니다. 오로지 학벌만을 위해서 묻지마 투자를 하면 안 된다는 뜻이다. 돈을 많이 들이지 않고도 공부 잘하는 방법이 얼마든지 있다는 것을 알았으면 한다. 그 방법을 알아내려 노력하는 것이 좀 더 현명한 부모의 자세가 아닐까 싶다. 자신의 분수에 맞는 교육비를 지출해야 부모도 힘들지 않고 아이들도 마음 편하게 공부할 수 있다.

"내가 속상해 죽겠어!" 아침부터 영주 언니가 푸념한다.
"왜 무슨 일 있어요?"
"왜는 왜야, 성민이 때문이지!"

성민이는 이웃사촌 영주 언니의 작은아들이다. 중학교 다닐 때까지는 엄마 속 한번 썩이지 않는 반듯한 아이로 친구들 사이에서도 인기가 많았다.

큰아이가 대학에 입학하고 성민이가 고등학교에 들어가니 돈 들어갈 일이 많았다. 언니는 돈을 벌어보겠다고 스포츠용품 가게를 인수했다.

밤낮으로 가게에 매달려 일하느라 아이에게 소홀하게 되었다. 성민이는 아침에 정상적으로 학교에 갔고 언니가 퇴근하고 집에 돌아오면 항상 자기 방에서 공부하고 있는 모습을 보여줘서 아무 걱정을 하지 않았다. 그렇게 고등학교 1학년이 끝날 무렵 문제가 생겼다. 아이는 그동안 학교에 핑계를 대고 조퇴하기 일쑤였고, 친구들과 어울려 실컷 놀다가 엄마 퇴근할 시간 맞춰서 집에 돌아왔던 것이다. 언니는 믿었던 아들에게 배신당한 것 같은 충격을 받았다. 언니는 바로 가게를 동생에게 넘기고 집에서 아이를 돌보기 시작했다. 언니는 매일 학교 앞에서 등하교를 지키고 있었다.

그 후로 1년이 넘는 시간 동안 아이는 마음을 못잡고 힘들어했다. 아이는 우연한 기회에 작곡 공부를 하게 되면서 마음을 잡기 시작했다. 아이는 작곡 공부가 너무 재미있어서 잠을 설쳐가며 몰입했다. 성민이는 대학을 가지 않았다. 자기가 좋아하는 작곡에 몰두하며 훌륭한 작곡가가 되려고 부단히 노력했다. 그 결과 지금은 학벌과는 상관없이 훌륭한 작곡가로 활동하며 자유로운 삶을 누리고 있다.

어느 부모를 막론하고 아이가 공부 잘하는 것을 싫어할 부모는 없다. 공부를 잘한다는 것은 학교 성적이 좋다는 것이다. 우리나라에서는 학교 성적이 아이의 미래를 결정짓는 기준으로 자리한 지 오래다. 이는 한

참 뛰어놀아야 할 아이들이 놀이터 대신 학원으로 내몰리는 현상으로 나타나고 있다. 공부는 공부 머리도 있어야 하고, 입시는 운도 따라줘야 한다. 모든 아이가 똑같이 원하는 결과를 얻어 낼 수는 없다. 그러므로 먼저 아이의 적성을 정확히 아는 것이 중요하다. 적성을 정확히 알게 되면 그다음부터는 너무 쉽다. 아이가 하고 싶어 하는 것을 마음껏 할 수 있게 지원해주고 곁에서 지켜보며 필요한 부분만 도와주면 되는 것이다. 그리고 아이를 믿고 기다리면 된다. 아이 둘을 대기업 연구원이 되게 한 나의 자녀 교육 비결은 아이를 믿고 기다려주고 아이가 편안한 마음을 갖게 해주는 것이었다. 현명한 부모는 커피숍 수다에서 자잘한 학원 정보나 입시정보 혹은 명문대에 보낸 노하우를 구하지 않는다. 아이가 원하고 좋아하는 것이 무엇인지 먼저 파악한다.

내 아이들은 남들이 말하는 성공을 이루었지만, 여전히 자신이 원하는 것이 무엇인지 끊임없이 고민하며 살고 있다. 번듯한 직장이 진정한 성공을 의미하는 것은 아니다. 따라서 아이들도 자신들이 원하는 진정한 성공을 위해 책을 읽으며 글쓰기를 준비 중이다.

부모와 아이가 함께 책을 읽고 글을 쓰면 좋다. 읽고 쓰는 과정에서 아이가 자신의 미래를 발견하게 되면 책을 내보자. 그것이 아이를 진정한 성공의 지름길로 인도할 것이다.

- 6 -

부모의 기준으로 아이 키우면 실패한다

"미래의 아이들을 현재의 부모 관점에서
생각하고 키운다면 실패할 확률이 높다."

엄마는 아기를 낳으면 제일 먼저 갓 태어난 아기의 꼬물꼬물한 손가락 발가락을 만져보고 세어본다. 그 순간의 신기함은 말로 표현할 수 없는 경이로움으로 다가온다. 그 경이로움 앞에서 부모는 "너를 위해서 무엇이든 다 해줄 거야, 내가 할 수 있는 모든 것을 너에게 줄게, 너를 세상에서 제일 행복하게 해줄 거야!"라고 아이와 마음속으로 약속을 한다. 이렇게 아이를 애지중지 키우며 어떻게 하면 더 잘 키울지 열심히 공부도 하게 된다. 부모님과 선배들의 조언을 듣기도 하며 정성을 다 쏟는다. 아이를 남들보다 더 똑똑하게 키우기 위하여 영유아 때부터 문화센터에 다니거나 신체활동 프로그램에 참여하며 열성을 다한다. 부모는 아이를 위해서라면 시간과 돈을 아끼지 않는다.

나는 아이가 태어나서 돌이 될 무렵부터 날씨가 좋은 날 오후에 아이를 업고 산책하는 것을 좋아했다. 따스한 햇볕을 받으며 아이를 업고 산책을 하는 그 순간은 너무나 평화롭고 행복감에 취하게 된다. 등 뒤의 아기가 듣기 좋게 흥얼흥얼 노래를 불러주면 아이는 신난다고 발장구를 쳤다. 아이가 좋아하면 나는 더 신났다. 부릉부릉 자동차 소리를 내며 빨리 달리면 아이는 까르르 좋아하고 엉덩이를 들썩였다. 그렇게 아이와 교감을 나누며 산책을 하면 온 세상이 나와 아이의 것이 된다. 그렇게 한 시간가량 동네 한 바퀴를 돌고 나면 반드시 들르는 곳이 있다. 동네 큰 길가에 있는 대형 마트다.

대형 마트는 돈 들이지 않고 아이를 공부시킬 수 있는 나만의 공부방이었다. 대형 마트에 있는 온갖 제품들과 식품들, 장난감들은 나만의 공부방 교재가 되었다. 대형 마트에 들어가면 입구에서부터 진열되어 있는 물건들을 아이에게 보여주며 하나하나 이름을 알려줬다. 어떤 날은 색깔을 말해주기도 하고 또 어떤 날은 모양을 말해주기도 했다. 어떤 날은 소리를 들려주기도 하고 어떤 날은 만져볼 수 있게 했다. 그러면서 나는 아이의 머릿속에 그 많은 이름과 색깔과 모양이 기억되고, 감촉과 소리와 느낌이 차곡차곡 쌓여가는 상상을 했다. 그렇게 상상하면 내면에서 뭔지

모를 충만감이 벅차올랐다.

영유아기 시절에는 엄마의 품 안이 아이가 바라보는 세상의 전부다. 아이들은 엄마의 냄새와 느낌과 말과 표정으로 몸과 마음이 온전하게 성장한다. 아기가 점점 자라서 아동기가 되면 부모들은 자신도 모르게 아이에게 많은 기대를 하게 된다. 무언가를 더 경험하게 해주어야 할 것 같고, 더 일찍 배움의 기회를 주어야 한다고 생각한다. 그리하여 아이에게 맞는 성장 과정보다 앞선 교육으로 아이를 힘들게 하는 경우가 많다.

아이들은 나름의 방식으로 꿈을 발견할 기회를 가진다. 그 꿈이 크든 작든 그것은 아이의 것이다. 그런데 아이의 꿈에 자신의 꿈을 얹어서 아이가 이루어주기를 바라고 은근히 기대하는 부모가 있다. 그 기대는 아이에게 고스란히 전해지며 버거운 짐으로 남게 된다.

나는 아이와 대형 마트 공부방 순례를 마치면 생선 코너로 간다. 생선 코너에서 제일 크고 싱싱하게 살아 있는 꽃게를 산다. 살아 있는 꽃게가 없을 때는 가장 싱싱한 흰 살 생선을 선택한다. 꽃게나 생선을 사서 집에 돌아오면 저녁 식사 시간이 된다.

나는 아이를 내려놓고 따뜻한 물로 목욕을 시킨 다음 편안한 옷으로 갈아입히고 놀게 한다. 그리고 마트에서 사 온 꽃게나 생선을 깨끗이 씻어서 찜통에 넣고 알맞게 익힌다. 익힌 생선의 가시를 꼼꼼히 제거한 다음에 아기의 밥 위에 올려준다. 아기는 아주 맛나게 밥 한 그릇 뚝딱 한다. TV에서 본 키토산이 아이의 두뇌 발달에 도움이 된다는 것을 알았기에 실천한 것이었다.

이것은 가난한 엄마의 돈 안 드는 양육 비법이고, 내 아이들의 미래에 필요한 에너지를 미리 마련해놓은 나만의 노력이고 정성이었다. 그 노력과 정성이 특별한 사교육 없이 나의 두 아이 모두 자신의 꿈을 이루게 만드는 기초 공부가 된 것이다. 조금만 신경 쓰면 돈 안 들이고도 알차게 교육하는 방법이 많다.

많은 부모가 자녀 교육을 막연하고 어렵게 생각하는 경우가 대부분이다. 그런 생각이 더 어렵고 막연한 상황을 만들 수도 있다. 자녀 교육은 어렵지 않다. 쉽게 할 수 있다. 부모 나름의 방법을 찾으려 노력한다면 말이다.

아이가 초등학교에 입학하게 되면 부모의 기대는 더 커진다. 부모의 기대는 앞서가고 아이는 겨우 따라가기 바쁘니 그 차이는 절대 좁힐 수 없다.

아이가 힘들어 하면 "다 너를 위해서야!"라는 말로 아이를 재촉하기 일쑤다. 아이들은 영문도 모른 채 부모가 원하는 대로 자신의 인생을 만들어나가게 된다. 아이가 공부를 잘하면 잘하는 대로 더 잘하기를 바라고, 못하면 질책을 가하기도 하면서 욕심을 부리는 경우도 있다.

부모의 뜻과 방식대로 아이를 키우면 처음에는 잘 따라오는 듯 보이지만 어느 순간 모든 것을 내려놓게 되는 경우가 많다. 아이들이 자신이 바라는 꿈이 따로 있음을 알아채고, 자신을 주장하기 시작하면 더는 돌이키기는 어려운 상황이 된다. 이런 경우에 부모는 좌절하게 되고 아이는 죄책감을 느끼게 되는 경우가 많다.

나는 부모들에게 아이는 아이의 성장 과정에 맞게 천천히 키워도 된다는 말을 해주고 싶다. 아이들의 미래는 부모들의 미래와 다르다. 미래의 아이들을 현재의 부모 관점에서 생각하고 키운다면 실패할 확률이 높을 수 밖에 없다. 아이가 공부를 통하여 자신의 꿈을 성취해간다면 다행이지만, 그렇지 않다면 꿈을 위한 공부가 아닌 막연한 취직을 위한 공부는 멈춰야 하지 않을까?

"힘든 수험생활을 거쳐 입학한 대학을 스스로 박차고 나가는 학생들이 늘고 있다. 대학 졸업장을 필수로 여기는 부모의 사회적 편견에 떠밀려 입학한 대학 생활이 행복한 삶을 보장해주지 않는다는 자각 때문이다. 전문가들은 이제 막 성인이 된 새내기 대학생들이 자신의 대학 진학과 진로 선택 등에 대해 다시 돌아볼 수 있는 분위기와 제도가 필요하다고 조언한다."

— 〈헤럴드경제〉 " 대학 자퇴인생 급증…'나'를 찾아가는 이들", 2016.05.16.

내 주변에도 수능 점수에 맞추어 대학을 선택했으나 적성에 맞지 않아 포기했다는 사례가 넘쳐난다. 왜 이러한 상황을 맞이하게 되었을까? 이러한 상황을 만든 원인 중 부모의 책임도 상당하다고 본다. 부모들이 아이의 미래 교육에 대한 이해가 부족해서 생긴 문제일 수 있다. 모두 똑같이 명문대와 전문직을 향해 달려가고자 공부를 하다 보니 이런 문제가 발생한 것이다.

이제는 부모들이 잠시 멈추고 한 발 뒤로 물러나서 아이의 미래를 위해 무엇을 할지 생각해볼 시간을 가져야 한다. 부모가 먼저 사고방식을 전환해야 한다. 부모 세대와는 차원이 다른 인공지능 시대를 넘어 개념화 능력을 갖추어야 성공하는 시대로 접어들고 있기 때문이다.

우리가 아는 성공자 중에는 좋은 학벌을 갖지 않았어도 크게 성공한 사람들이 많다. 학벌의 높은 벽을 뛰어넘으면서 자기 분야에서 성공을 이룬 사람들이 얼마든지 있다. 아이가 꿈을 이루기 위해 최선을 다해 공부에 몰입한다면 멋지게 응원해줘야 한다. 그러나 공부하는 것이 힘든 아이에게는 억지로 시킬 필요는 없다. 공부 말고도 꿈을 발견하고 성공할 수 있는 길이 있기 때문이다. 컴퓨터나 스마트폰을 이용해서 자신만의 콘텐츠를 발견하고 꿈을 이루는 사람들도 상당히 많다. 이러한 미디어 콘텐츠를 통해 성공을 이루는 데도 책 쓰기로 다져진 개념화 능력이 필요하다. 이제는 부모의 기준을 넘어 10년 후의 미래를 바라보며 아이를 키워야 할 시기다.

- 7 -

4차 산업혁명 시대 책 읽기와 글쓰기가 답이다

"아이와 함께 책 읽기와 글쓰기를 통해
책을 만들어 온라인 세상을 정복해보자."

세계적으로 유명한 인물이나 성공한 사람들은 하나같이 독서를 통해서 부와 성공을 이루었다. 성공한 사람들은 책을 통해 성장을 시작했고 책이 성공의 밑거름이 된 것이다. 그들은 책을 통하여 과거의 뛰어난 인물을 만나 꿈을 발견하고 꿈을 이루는 방식들을 찾아내어 자신의 것으로 만들었다.

책에는 모든 삶의 방식이 들어 있다. 자녀나 의식주에 관한 문제를 해결하는 방식, 자아실현이나 부를 성취하는 방식, 인간관계나 종교의 문제를 해결하는 방식 등이다. 심지어 나라와 인류의 나아갈 방향을 제시하고 그것을 해결해가는 방법도 있다. 아이들의 미래를 준비한다면 우선 책부터 읽고 글을 쓰게 하는 것을 우선으로 해야 한다.

우리 3남매는 어린 시절 부모님과 떨어져 할머니 손에서 자랐다. 할머니는 너무나 알뜰하고 엄격하셨다. 마음이 여리고 약했던 나는 매일 할머니가 소리 지르며 야단치시는 것을 견디는 것이 제일 힘들었다. 나는 항상 주눅이 들어 있었다. 부모님이 안 계신 자리는 늘 외로움과 그리움으로 가득한데, 할머니의 야단과 잔소리는 나를 시들게 했다. 나는 매일 할머니한테 혼나지 않으려고 전전긍긍하며 살았다.

지금 와서 생각해보면 그때 할머니가 왜 우리를 야단쳤는지 조금 이해가 간다. 부모 없이 크는 아이들이 비뚤어질까 봐 걱정하는 마음이 담긴 할머니 나름의 보호 방식이었을 것이다. 그러나 아이들은 혼내지 않고도 얼마든지 사랑으로 키울 수 있다. 혼나도 왜 혼나는지 충분한 설명과 공감이 이루어지지 않으면 그건 아이 마음에 상처로 남는다.

상처는 치유되어야 한다. 칼에 베인 상처는 병원에서 적절한 치료를 받거나 약을 바르고 먹으면 낫는다. 그러나 마음의 상처는 마땅히 치유할 수 있는 약을 발견하기 어렵다. 상처를 준 상대방이 충분히 사과한다면 모를까 그렇지 않을 때는 속수무책이다.

마음의 상처에 가장 좋은 약은 책이라고 생각한다. 책 속에는 모든 치유 비법이 나와 있다. 자신에게 필요한 분야의 책을 선택해서 읽으면 된다. 나는 내면의 힘든 문제가 생기면 무조건 책을 읽는다. 책 속에서 위로를 받고 희망을 보고 해결책을 발견하게 된다. 책 속의 세상은 내게 살아가는 의미를 알려주고 힘내라고 응원도 해준다. 그리고 책은 부모의 돌봄을 받지 못한 내가 아이를 낳아 잘 키울 수 있도록 도와준, 훌륭한 나의 멘토이다.

내가 어린 시절 우리 집 안방에는 책이 가득 꽂혀 있는 커다란 책장이 있었다. 책장에는 문학 전집을 비롯하여 여러 종류의 책이 있었다. 아마 공부 잘하던 오빠가 사다 모은 책인 것 같다.

내가 그 책과 인연을 맺게 된 것은 할머니께서 암 투병을 하시면서다. 할머니는 난소암을 앓으셨는데 돌아가시기 1년 전쯤에 나는 다니던 직장을 정리하고 할머니 병간호를 자청했다. 말기 암 환자이신 할머니는 집에서 투병 생활을 하셨다. 할머니는 하루에도 몇 번씩 극심한 통증을 호소하셨고 배 속에서 주먹만 한 암 덩이가 치밀어 오르면 비명을 지르셨다. 할머니가 비명을 지르시면 나는 얼른 달려가서 치밀어 오르는 암 덩이를 두 손으로 힘껏 눌러야 했다. 한참 누르고 있으면 팽팽하게 대치되던 암 덩이는 스르르 가라앉았다. 그렇게 한바탕 소동이 벌어지고 나면 온몸에서 기운이 쭉 빠져나갔다. 이런 일이 하루에도 몇 번씩 일어나기 때문에 나는 할머니 곁을 비울 수가 없었다.

21살 나이에 할머니 병간호를 하며 온종일 방에서 보낸다는 것은 쉽지 않은 일이었다. 작은어머니가 한 울타리에 살고 계셔서 살림을 해주셨기 때문에 그나마 도움이 되었다. 안 좋은 일은 한꺼번에 찾아온다. 그 무렵 동생도 몸이 아파서 수시로 수혈을 하러 병원에 다녔다.

이런 어려운 상황에서 내 마음을 잡아준 것은 안방 책장에 꽂혀 있던 책이었다. 우연히 읽은 아주 얇은 시집에서 나는 신선하고 희망적인 세상을 만나게 되었다. 그 시집을 시작으로 나는 밤낮을 가리지 않고 책장에 있는 책을 모조리 읽었다. 이해가 되지 않는 어려운 책도 그냥 읽었다. 책은 나를 다른 세상으로 안내해주었다. 그 희열은 예순의 인생을 살아오는 동안 든든한 버팀목이 되어주었다.

책 읽기는 모두의 꿈을 밝혀줄 등불이 되고 꿈을 이루게 만드는 원동력이 된다. 나는 책을 통해서 내면의 문제를 치유하는 방법을 터득했고, 선생님이 되고 싶다는 작은 소망을 품게 되었다. 막연하게 품은 꿈이었고 그 꿈을 이룰 생각은 하지 못하고 있었다. 막상 할머니가 돌아가시고 나니 나는 아무것도 할 수 없었다.

엄마는 내가 중3 때 돌아가셨고 할머니마저 돌아가시고 안 계시니 사는 것이 너무 허망하게 느껴졌다. 그 당시 나는 아무것도 하지 않고 집에서 책만 읽었다. 책은 언제나 나의 피난처가 되어주었다. 그러던 중 성당 유치원 원장 수녀님이 나를 찾으셨다. 그 당시 우리 가족은 성당에 다니고 있었다.

"자매님, 집에서 지내지만 말고 우리 유치원에 와서 보조 선생님으로 일해보면 어때요?"

"저는 유치원 교사 자격증이 없어요. 수녀님."

"보조 선생님은 교사 자격증 없어도 괜찮아요. 내가 도움을 줄 테니 일하면서 공부해봐요."

그렇게 해서 나는 유치원 보조 선생님이 되었다. 나는 유치원 보조 교사로 일하면서 유아 관련 서적을 읽었다. 피아노도 배우고 선생님들을 도와 교실 꾸미기 작업도 하면서 조금씩 유치원교사 자격시험을 준비했다. 내가 유치원 보조 교사를 하고 있을 당시 정부의 유아교육 정책으로 어린이집과 유아원이 확대되어서 유치원 교사가 부족한 상황이었다. 정부에서는 한시적으로 유치원 준교사 자격시험을 시행했다. 나는 자격시험에 응시했고 합격했다. 내가 책을 읽으며 막연히 생각했던 선생님이 되고 싶다는 꿈이 현실로 이루어진 것이었다.

나는 시골의 작은 유치원 선생님으로 발령받았다. 보조 교사가 아닌 정식 교사로 근무하게 되니 자존감이 높아졌다. 나는 최선을 다해 열심히 아이들을 가르쳤다. 그 결과 경기도 교육감상을 타게 되며 청와대에 초청을 받는 특별한 경험을 하게 되었다. 내가 청와대 초청을 받을 수 있었던 것은 그동안 책을 많이 읽고 책 속에서 어렴풋이나마 나의 꿈을 그려왔기 때문이다. '꿈은 이루어진다'는 말은 맞다. 나는 결혼하면서 유치원 교사를 그만두었다. 내가 어릴 적에 부모님의 보살핌을 받지 못했기 때문에 아이가 태어나면 정성껏 키우리라 다짐했던 것이 그 이유다. 나는 아이들을 정성껏 잘 기르려고 노력했다.

요즘은 4차 산업혁명 시대가 되어 컴퓨터와 스마트폰으로 세상의 정보를 원하는 대로 얻을 수 있다. 아이들은 게임을 즐기며 유튜브의 세상에 흠뻑 빠지기도 한다. 아이가 미래를 성공적으로 살아가려면 온라인 세상을 알아야 한다. 온라인 세상에서 살아가고 성공하는 방법을 터득해야 한다. 무작정 게임을 하고 유튜브를 보는 것이 아니라 먼저 그 안에서 꿈을 찾아 성공하는 법을 배우게 해야 한다.

아이가 온라인 세상에서 꿈을 찾게 해주려면 일단 책을 많이 읽게 하는 것이 좋다. 책을 꾸준히 읽으면 습관이 생기고 습관으로 읽다 보면 책 읽는 재미를 알게 된다. 재미를 알게 되면 다양한 책을 접할 수 있다. 다양한 종류의 책을 읽게 되면 특별히 관심이 가는 분야의 책을 발견하게 된다. 그 분야의 책을 선정해서 신중하게 읽다 보면 꿈의 방향을 잡을 수 있다. 꿈의 방향이 잡히면 깊이 있는 독서를 하게 된다. 그렇게 깊이 있게 책을 읽었다면, 느낀 점을 글로 표현해보는 것이 좋다. 그리하여 글로 표현한 자신만의 전문적인 지식을 책으로 발간하고 콘텐츠로 만들면, 온라인 세상에서 자유롭게 꿈을 펼치고 빠르게 성공할 수 있다.

나는 아이들이 사회인이 되고 나서 '엄마 졸업'을 선언했다. 그리고 나이와 상관없이 제2의 인생을 준비하고 있다. 책을 쓰고 작가가 되어 사회에 선한 영향력을 드러내며 도움이 되는 사람으로 사는 것이 새로운 내 꿈이다. 나는 지금 책 쓰기 과정을 수료하고 원고를 쓰고 있다. 예순의 나이에도 다시 꿈을 꾸고 꿈을 이루기 위해 노력할 수 있는 힘의 원천은 책에 있다. 내 책이 자녀를 잘 키우고자 노력하는 부모에게 조금이나마 도움이 되기 바란다.

4차 산업혁명 시대에는 책 쓰기가 답이다. 아이와 함께 책 읽기와 글쓰기를 통해 책을 만들어 온라인 세상을 정복해보자.

영재교육 성공 사례 1호, 신석우 교수

'영재교육 성공 사례 1호' 신석우 버클리대 수학과 교수는 "수학의 진짜 재미, 도전하는 과정에 있죠."라고 말한다.

미국 버클리대학교 수학과 신석우 교수는 우리나라 수학 올림피아드 참가 역사상 첫 개인 성적 만점으로 금메달을 받았고, 석사 이전 수학 과정은 전부 한국에서 마친 후 매사추세츠주의 공과대학(MIT) 조교수 자리에 올라 '영재교육 성공 사례 1호' 타이틀을 달고 있다.

기자가 수학 자체에 매달리는 직업, 수학자의 길을 택한 이유를 묻자 '재미있기 때문'이라고 했다. 연구하는 것 자체가 막

힐 때도 있지만 100번, 1,000번 시도하면 뚫리는 순간이 온다며, 그 순간 풀었다는 희열과 함께 모르는 것을 알게 되는 재미가 있다고 했다. 그는 이해가 쉽지 않고 받아들이기 어려운 연구 결과를 접할 때도 즐거울 수 있다고 한다. 모차르트의 음악을 들으면 즐겁고 좋은 것처럼 다른 연구자들이 내놓은 수학 작품(연구성과)을 감상하면서 얻는 즐거움도 있다고 덧붙였다.

또한 그는 우리나라의 영재교육이 예전보다 체계가 더 잘 잡힌 것 같다고 말했다. 재능 있는 학생들이 일찍 공부를 시작해 자신의 능력을 발휘할 길이 열리고, 학생들의 선택지가 넓어진 것을 긍정적으로 평가했다.

- 2 장 -

꿈을 가진 아이로 자라게 하라

- 1 -

다양한 경험을 하게 하라

"여행이든, 취미 생활이든,
다양한 체험을 할 때 아이와 함께하자."

엄마는 아이의 건강을 위해서 영양 밸런스를 맞추어 좋은 음식을 마련해서 아이가 잘 먹도록 한다. 몸의 건강을 위해서 다양한 음식을 먹이듯, 내면의 건강을 위해서도 다양한 경험을 하게 해야 한다. 몸과 마음이 다양한 경험으로 충만하게 되면 아이는 밝고 건강하며 자존감 높은 아이로 자라게 된다.

아이들이 세상을 신비롭게 바라보고 호기심으로 가득하게 되려면 부모가 먼저 아이와 같은 마음으로 세상을 바라보아야 한다. 아이들은 온종일 호기심으로 상상의 나래를 펼치며 신기한 것과 처음 보는 것을 하나씩 살펴보며 재미를 느낀다. 그럴 때 부모가 아이와 같은 것을 보고 만지고 냄새 맡고 같은 눈높이에서 함께하는 것이 아이에게 훨씬 큰 즐거움으로 남는다.

영호는 내가 3년 정도 돌봐주었던 아이로 호기심이 아주 많고 명랑하고 똑똑했다. 영호 부모님은 영호에 대한 사랑이 넘치는 분이시다. 주말이면 온전히 아이의 다양한 경험을 위한 여행을 떠난다. 금요일 오후에 영호가 학교에서 돌아오면 바로 여행을 떠나서 일요일 저녁에 돌아온다. 영호 엄마는 주말농장에서 아이와 함께 농사도 짓는다. 영호는 파충류와 물고기 종류를 키우는 것을 좋아한다. 영호네 집에는 도마뱀, 거북이, 미꾸라지, 민물고기, 열대어를 키운다. 하다못해 낙지를 집에서 키울 때도 있다.

영호는 갯벌에서 낙지 잡는 것을 좋아한다. 낙지를 잡아서 집에 가져오면 작은 수조에 낙지와 바닷물을 붓고 산소기를 장착한다. 그리고 수시로 들여다보며 관찰한다. 낙지 수조의 바닷물은 기온이 안 맞아서 그런지 하루만 지나면 뿌옇게 변한다. 그러면 영호와 나는 양동이를 들고 바닷물을 구하러 나간다. 서울의 청담동 한복판에서 바닷물을 구하러 다니는 모습 너무 웃기지 않은가? 그래도 우리는 낙지를 위해서 씩씩하게 거리를 누비며 횟집 문을 열고 바닷물을 얻을 수 있는지 물어본다. 어떤 때는 한 번에 얻기도 하고 어떤 때는 3~4군데 다녀도 못 얻는 경우가 있다. 바닷물을 못 얻을 때는 큰길 건너에 있는 바닷장어 식당으로 간다. 그곳은 대형 수조가 있어서 바닷물 한 양동이 얻는 것쯤은 어렵지 않지만, 매번 가기는 미안하니까 돌아다니다가 마지막에 어쩔 수 없이 간다. 그러면 그 사장님은 우리를 알아보고 선뜻 양동이에 물을 채워주신다. 그 사장님은 정말 고마운 분이었다. 이렇게 다양한 경험은 아이의 가슴에 따뜻한 추억을 만들고 그 추억이 꿈을 키우는 기초가 될 수 있을 것이다.

아이들이 무언가를 배울 때는 직접 움직이며 체험하게 하는 것이 좋다. 자연 탐사를 하거나 박물관, 미술관, 도서관, 공원 산책 등 몸을 움직여서 활력 넘치는 경험을 하게 한다. 그러면 몸과 마음의 건강을 모두 얻을 수 있다. 밖에 나가기 어려울 때는 종이접기나 그림 그리기, 물감 놀이, 낙서하기 등 자유롭게 그리고 오리고 접는 놀이로 자신을 표현하며 즐거움을 찾게 하는 것이 좋다.

부모는 자녀가 다양한 경험을 하면서 여러 가지 방법으로 새로운 것을 찾아낼 수 있게 도와줘야 한다. 삶의 모든 순간이 다양한 모습과 냄새와 소리로 둘러싸여 있다는 것을 알게 해주어야 한다. 그리고 아이와 함께 삶의 즐거움과 행복을 주는 것을 찾아보자. 이전에는 주위에 있는 줄도 모르고 관심 없이 지나치던 것을 주의 깊게 살펴보며 관찰해보자.

나의 아이들이 어렸을 때 우리는 작은 연립 3층에 살고 있었다. 연립의 1층 현관문을 나가면 사람들이 다니는 길은 보도블록으로 깔려 있고 나머지는 흙으로 되어 있었다. 흙길은 울퉁불퉁 파인 곳이 많아서 여름에 비가 오면 물웅덩이가 생긴다. 아이들은 비가 오고 난 다음 날이면 장화를 신고 물웅덩이를 잘박잘박 밟으며 "까르륵, 까르륵" 웃음소리를 내며 신나게 놀았다.

처음에는 물탕을 튀기며 놀다가 그게 성에 차지 않으면 아예 물웅덩이에 철퍼덕 주저앉는다. 그리고 신고 온 장화로 물을 퍼내거나 흙을 나르며 신나게 논다. 우리 아이들이 노는 것이 재미있어 보이면 망설이던 옆집 아이도 참여하게 된다. 아이들이 물웅덩이 놀이를 하고 있으면 지나가던 동네 어르신이 걱정하셨다.

"얘들아! 옷 더러워진다, 그만하고 집에 가!"
"괜찮아요, 우리 엄마 빨래 잘해요! 엄마가 놀아도 된다고 했어요."

그렇게 말하고 아이들은 다시 신나는 시간을 보냈다. 아이들은 자신이 하고 싶은 것을 원 없이 하고 나면 만족감을 느끼고 행복해진다. 자유롭고 다양한 놀이를 통해서 마음의 크기를 키워주는 것도 부모의 할 일이다.

부모는 아이의 미래도 중요하겠지만 현재를 즐길 수 있는 여건을 만들어주는 것도 중요하다. 쉴 때는 만사를 제쳐놓고 마음껏 쉬게 해주고, 무언가에 몰두하거나 새로운 경험을 하게 되면 마음을 다해 응원해주어야 한다. 그리고 아이의 새로운 경험에 대한 흥미로운 이야기를 들어주기만 해도 아이는 행복감을 느끼게 된다. 새로운 취미활동을 함께 해보는 것도 좋고, 맛있는 요리를 하며 새로운 재료나 요리법을 공유해보는 것도 좋다. 목적지 없이 무작정 걸어보는 것도 좋고, 모르는 사람들과 함께 어울려 노는 것도 좋다.

아이와 함께하는 여행은 다양한 경험의 장을 마련하는 좋은 방법이다. 여행을 통하여 아이들은 새로운 사람들과 새로운 언어와 사고방식 등 수많은 경험을 하게 된다. '백문이 불여일견'이라는 말처럼 100번 말하는 것보다 한 번이라도 직접 경험하는 것이, 아이의 꿈을 키우는 데 도움이 된다.

아이들이 다양하게 경험을 할 수 있도록 도와주는 또 다른 방법은 책을 읽는 것이다. 책 속의 세상은 무궁무진한 경험을 간접 체험할 수 있는 보물 창고다. 그 세상은 과거와 현재와 미래도 다양하게 경험할 수 있는 공간이다. 책에서는 내가 가본 적 없는 곳을 간접적으로 가볼 수 있고 겪어본 적 없는 상황을 겪어볼 수 있다. 현실에서는 벌어질 수 없는 일을 책을 통해서 간접 경험해볼 수 있는 것이다.

책에는 경험이란 경험은 모조리 할 수 있는 공간이 마련되어 있다. 시간과 공간을 거슬러 간접적인 경험이 가능한 것이 바로 책을 읽는 것이다. 책을 읽는 것은 영상을 보는 것과 다르다. 영상이란 딱히 집중하지 않더라도 스스로 흡수된다. 하지만 책은 글자와 내용을 눈으로 읽고 파악해야 하기에 집중과 분석을 통해 흡수된다. 전문가들은 "어린 자녀들은 여러 종류의 다양한 책을 많이 읽어야 합니다."라고 말한다.

내가 아이들을 키우면서 가장 잘하고 좋아하는 것은 책 읽어주는 일이다. 아이들에게 책을 읽어주는 일은 듣는 아이들보다 읽어주는 내가 더 재미있다.

유치원 교사로 근무할 때 내가 제일 잘하는 것은 구연동화였다. 동화책에 나오는 등장인물의 목소리를 흉내 내서 실감 나게 읽어주면 아이들이 정말 좋아했다. 등장인물이 많이 나오는 책은 좀 곤란할 때가 있었다. 등장인물이 많아 각각의 목소리를 다 기억하지 못하고 다른 목소리를 내야 할 때였다. 그럴 때면 아이들이 아우성쳤다. "그게 아니에요! 목소리가 바뀌었어요!" 아이들이 그렇게 소리를 질러치면 나는 나름대로 다른 목소리를 냈다. 그러면 아이들이 다시 소리쳤다. "그 목소리가 아니라니까요! 까르르." 그렇게 웃으며 즐겁게 지낸 시간이 나의 추억 속에 함박 웃음꽃으로 남아 있다.

아이들이 책과 친해지게 하는 데 가장 좋은 방법은 동화책에 나와 있는 등장인물의 흉내를 내서 읽어주는 것이다. 실감 나게 책을 읽어주면 아이들은 호기심 가득한 눈으로 집중을 하며 동화책 속으로 빠져든다. 동화에 맞는 소품들도 준비해서 책 속의 등장인물이 실제로 이야기하는 것처럼 흉내 내면 아이들의 반응은 더 뜨겁다. 이러한 시간이 반복해서 쌓이다 보면 아이들은 책과 친해지고 책을 즐기는 아이가 된다.

아이들에게 시각과 청각을 이용한 방법이 중요한 이유는 보고 듣는 것이 많으면 마음에 미치는 영향도 크기 때문이다. 특히 시각적 이미지를 마음에 품으면 막연했던 꿈이 목표로 확실하게 자리 잡게 된다.

여행, 독서, 그 밖의 다양한 경험은 책상 앞에 앉아 공부하는 것 못지않게 스스로 선택하고 결정하는 능력을 키우는 데 도움을 준다. 아이들에게 재능을 발견하고 사랑을 전하기 위해 우선해야 할 것은 부모의 시간을 아낌없이 내주는 것이다. 여행하든, 취미 생활을 하든, 다양한 체험할 때도 아이와 함께해보자. 책을 읽어줄 때도 부모님의 다정한 음성으로 책을 읽어주기 바란다. 그러면 아이들은 다양한 경험을 통해 재미있는 상상의 나래를 펼칠 수 있을 것이다. 그리고 상상의 나래 속에 들어간 아이는 자신을 사랑하게 된다. 다양한 경험을 통한 교육은 아이의 마음을 키우고 꿈을 발견하는 원동력이 된다.

- 2 -

꿈을 가진 아이로 자라게 하라

"부모는 아이의 내면에 스스로 꿈을 찾아가는
나침반이 있음을 알아야 한다."

아이들은 많은 종류의 꿈을 이야기한다. 오늘은 이런 꿈을 말하다가 내일은 또 다른 꿈을 말하기도 하고 어떤 때는 꿈이 없다고 말한다. 이것은 아이들이 자신의 꿈을 찾아 떠나는 여행에서 여러 갈래의 길을 만나기 때문일 것이다.

부모는 아이들이 커다란 꿈을 가슴에 품기를 소망한다. 아이들이 커다란 꿈을 가지게 하려면 어떻게 해야 꿈을 찾는지 알려주어야 한다. 평상시 자연스러운 대화를 통해 꿈을 어떻게 찾고 설계해야 하는지를 깊이 있게 나누고 아이가 꿈을 잘 이끌어 가도록 도와주어야 한다.

우리나라뿐 아니라 세계적으로 유명한 위인이나 성공자는 우리와 별반 다르지 않은 가정에 태어난 인물들이 많다. 그들은 평범하게 살다가 어떤 특별한 계기나 일생일대의 큰 사건으로 새로운 인생 역전을 이룬 것이다.

그들의 인생과 운명을 바꿀 수 있었던 동기는, 자신의 꿈을 마음에 품고 그것을 이루려고 노력했다는 점이다. 처음에는 그것이 아주 작고 보잘것없어 보여도 성공한 사람들에게는 평생을 두고 못 잊는 위대한 삶을 살도록 한 가르침으로 남는다.

내가 읽었던 책 중에 꿈에 관해 이야기한 책이 있다. 그 책을 인용해보려 한다. 마라톤 선수인 토시코시 세코에 관한 이야기다. 그는 나날의 훈련을 위하여 간단한 계획을 세웠다. 그것은 정말 단순해서 십여 글자에 불과한 것이었다. 그러나 그는 단순한 계획으로 1981년 보스턴 마라톤, 1983년 도쿄 마라톤 대회에서 우승을 차지하였다. 그는 자신의 계획대로 착실히 훈련해서 세계적인 선수들을 물리친 것이었다.

그의 꿈을 향한 단순한 계획을 알아보자. '아침에 10km, 저녁에 20km 연습' 이것이 단순한 계획의 전부다. 계획이 너무 단순하지 않느냐는 질문에 그는 이렇게 대답하였다.

"물론 단순하지요. 그러나 저는 1년 365일 하루도 거르지 않고 그대로 실천합니다."

사람들이 어떤 꿈을 향한 목표를 달성하지 못하고 실패하는 이유는 그 목표가 단순해서가 아니라 계획대로 실천하지 않기 때문이다. 많은 사람이 꿈을 향한 목표를 세우지만, 그에 따른 실천은 하지 않는다. 만일 공부에서 1등을 하겠다는 목표를 세워놓고 매일 게임이나 TV 프로만 본다면, 1등은 결코 할 수 없을 것이다. 세코 선수의 계획은 그가 꿈을 향해 매일 실천하기에 부담이 없기에 효과적이었다. 꿈을 향한 목표와 계획은 반드시 복잡해야 좋은 것이 아니다. 특히 아이들의 꿈을 이루려면 아주 단순한 목표를 정하고 그 목표에 맞는 계획을 세워야 한다. 아이들이 쉽게 해낼 수 있는 만큼만 조금씩 꾸준하게 이루어 나가서 성취감을 맛보게 하는 것이 필요하다. 작은 성취감이 쌓여서 커다란 결과를 만들어내는 것이다.

나는 20대 시절에 할머니의 병간호를 하면서 수많은 책을 읽고 어렴풋이 선생님이 되면 좋겠다고 생각했다. 그 생각이 마음속의 꿈으로 자리잡게 되었고, 꿈은 현실이 되어 '유치원 교사'라는 이름으로 내게 나타났다. 그때는 몰랐다. 꿈은 어떠한 형태로든 이루어진다는 것을. 나는 젊은 시절에 부자들은 어떤 모습으로 살아가는지 무척 궁금했다. 나도 부자처럼 살아보고 싶다는 생각을 수시로 했다. 부자들이 사는 큰 집에서 멋진 차를 타고 풍족하게 살아보는 것이 소원이라고 말하기도 했다. 그것을 이룰 수는 없었지만, 상상만으로도 행복했던 시절이 있었다.

세월이 많이 흐른 어느 날 나는 깜짝 놀랐다. 내가 지금 부자들의 집에서 외제차를 운전하며 풍요로운 생활을 하고 있는 것이었다. 내가 베이비시터로 근무하는 지금의 환경이 내가 젊은 시절 상상하던 그 모습 그대로였다. 이 모든 부유함이 내 소유의 것은 아니지만 어쨌든 내가 젊은 시절에 상상하던 그 생활이었다. 상상만으로도, 꿈은 어떠한 방식으로든 이뤄진다. 하물며 구체적인 꿈을 가지고 목표를 세워 실행한다면 얼마나 확실하게 이뤄질지 말하지 않아도 알 수 있다.

부모가 아이에게 꿈을 가지게 해주려면 우선 아이 자신이 무엇을 하고 싶어 하는지 알아야 한다. 그리고 무엇이 되고 싶은지, 무엇을 원하는지 알고 자기만의 목표를 정하게 해야 한다. 많은 사람이 좋아하거나 다른 사람에게 인정받기 위한 목표가 아니라, 아이 자신이 좋아하는 분야에서 최고가 되겠다는 목표를 세우게 해보자. 부모는 아이가 자신이 좋아하는 것을 하며 기쁨을 느끼고, 자유로운 생각을 할 수 있게 해주어야 한다. 아이가 자유롭게 행동하면서 잠재력을 마음껏 드러낼 수 있도록 목표로 가는 과정을 함께해주는 것이 좋다.

우선 아이가 미래에 어떤 모습으로 성공하고 있을지 상상해보게 하자. 그리고 종이에 적어서 매일 바라볼 수 있도록 아이의 방이나 집안 곳곳에 붙여보자. 그리고 '목표로 가는 길'에 해야 할 아주 작은 것부터 하나씩 실천하게 하자.

햇볕이 따뜻한 11월의 어느 날 나는 호수 주변을 천천히 산책하고 있었다. 산책하던 중 문득 '이렇게 여유롭게 산책을 즐기며 책도 읽고 글도 쓰며 노후를 보낸다면 얼마나 좋을까.'라는 생각이 들었다. 그 생각은 계속 나의 머릿속을 떠나지 않았다. 그 생각으로 인해 나는 작가가 되어보겠다고 결심했다. 내 나이 예순에 새로운 꿈에 도전해보려고 하는 것이다.

나는 입주 베이비시터로 근무하고 있어서 24시간 나만의 공간이나 나만을 위한 시간이 따로 주어지지 않는다. 주말에 집에 쉬러 오는 시간이 나에게 유일한 자유 시간이다. 누가 뭐라 눈치 주는 것도 아닌데, 매일매일 자유로워지고 싶다는 생각이 떠나지 않았다.

책을 쓰겠다고 결심한 이후로 나는 글을 쓰고 책을 출간하려면 어떻게 해야 하는지 알아보기 시작했다. 글쓰기에 관련한 책도 여러 권 읽어보고 인터넷 검색도 하고 유튜브도 보면서 작가가 되려는 방법을 다양하게 알아보게 되었다.

나는 지금 책 쓰기 과정을 수료하고 원고를 쓰고 있다. 베이비시터로 근무하면서 원고 쓰는 일은 여러 가지 어려움이 많다. 그래도 나는 인생의 마지막이 될 수 있는 꿈을 이루기 위해 밤잠을 아끼며 노력하고 있다. 그동안 이렇게 집중하며 무언가를 이루어내려고 안간힘을 쓰기는 처음이다. 작가의 길로 가는 길이 쉽지는 않지만 달콤한 매력이 있다.

꿈은 반드시 이루어진다. 어렴풋이 꾸었던 꿈이든, 명확한 목표를 세웠던 꿈이든, 반드시 이루어진다. 다만 어렴풋이 꾸었던 꿈보다는 명확한 꿈이 더 빠르고 확실한 모습으로 나타난다.

지금 이 글을 읽고 계신 독자분들도 가만히 생각해보면 알 수 있을 것이다. 현재의 내 모습은 과거의 내가 만들어놓은 꿈의 한 부분이 실현된 것이라는 것을. 그러므로 아이의 미래 또한 현재 부모님의 생각과 말의 힘으로 만들어지고 있다는 것을 마음 깊이 명심해야 한다.

부모는 아이의 내면에 스스로 꿈을 찾아가는 나침반이 있음을 알아야 한다. 아이의 나침반을 곁에서 지켜보며 올바른 방향으로 가고 있는지 지켜봐줘야 한다. 아이를 믿어주고 격려해주면 아이는 꿈과 진로를 찾고 무한한 잠재 능력을 발휘하게 된다.

때로는 방향을 잘못 잡아 옆길로 샐 수도 있다. 힘들다고 주저앉을 수도 있다. 그렇더라도 끝까지 믿어주고 응원해주면 아이 내면의 나침반이 다시 제자리로 돌아오는 길을 알려준다.

소중한 나의 아이를 커다란 꿈을 가진 아이로 자라게 하자.

- 3 -

직업이 아닌 꿈을 성취하게 하라

"꿈은 직업을 뛰어넘어
가슴 뛰게 하는 무엇이다."

모든 부모는 자신의 아이가 소중한 꿈을 갖고 꿈을 이루기를 원한다. 부모는 아이의 꿈을 위해 많은 시간과 노력을 아끼지 않는다. 그리고 아이이 꿈을 찾는 방법을 알고 싶어 한다. 부모가 아이의 꿈을 발견하는 방법은 생각보다 간단하다. 평소 아이의 관심사가 무엇인지 알기만 하면 된다. 아이가 그림 그리기를 좋아한다면, 어떤 종류의 그림을 좋아하는지 아이에게 물어보면 된다. 아이가 하루에 어느 정도의 그림을 그리는지 파악해보자. 파악된 만큼이 아이의 수준임을 인정하고 칭찬을 아끼지 않아야 한다. 아이가 더 많은 그림을 그렸다면 그 과정에 대한 칭찬과 격려도 함께해야 한다. 언제나 부모의 기대는 아이의 수준과 맞아야 한다.

부모와 아이의 기대치가 서로 맞는다면 아이는 즐거운 마음으로 그림을 그릴 수 있다. 그것이 아이의 꿈을 향한 첫걸음이 될 것이다. 그러나 부모의 기대치가 높으면 아이는 자신의 꿈을 향한 도전에 힘겨워한다. 아이는 자신의 꿈을 향한 길을 자기 나름의 속도로 간다. 그러나 부모가 더 좋은 성과와 빠른 속도를 원한다면 스스로 성장을 멈추는 결과를 낳게 된다. 아이는 마음에 부담을 갖게 되고 자신이 해내고자 하는 목표를 이루지 못할 것이다. 그 결과 자신의 꿈을 포기할 수도 있다.

아이를 키우면서 부모들이 흔히 하는 실수가 있다. 아이의 꿈과 직업을 같은 의미로 받아들이는 것이다. 꿈과 직업은 엄연히 다르다. 직업은 삶을 살아갈 수 있는 경제적인 수단이다. 꿈은 그 직업을 선택한 후에 내가 무엇을 이룰 것인지를 계속 생각하게 하는 힘이다. 그래서 꿈과 직업은 다르다.

아이가 의사가 되겠다고 할 때 그것은 희망하는 직업이다. 꿈은 의사가 되어서 이루고자 소망하는 바이다. 의사가 되어서 다음에는 무엇이 하고 싶은지 뚜렷하게 알아야 한다. 그 일을 한 후에 또 무엇을 하고 싶은지를 계속 찾아봐야 한다. 그래야 자신이 원하는 직업을 성취한 뒤 다음의 인생에 대한 설계가 나온다. 단지 무슨 직업을 막연하게 갖기보다 이 직업을 통해서 이루고자 하는 바를 깊이 있게 연구할 필요가 있다. 꿈은 무엇이 되는가보다, 어떤 사람이 되고 싶은가를 생각하는 것이다.

자신의 직업으로 꿈을 이루어낸 인물로 냉정과 열정의 의사, 외상 외과 전문의 이국종이 있다.

"의사가 되고 싶다면 포기라는 단어부터 버려야 합니다. 최악의 순간까지도 어떻게든 환자를 살려야만 한다는 간절함이 필요해요."

이국종의 아버지는 6.25 전쟁 때 지뢰를 밟아 한쪽 눈을 잃고 팔다리를 다친 장애 2급 국가유공자였다. 국가로부터 어느 정도 혜택을 받을 수 있었지만, 집안은 늘 가난했다.

중학교 시절 이국종은 축농증을 심하게 앓아서 병원 신세를 지게 됐다. 의료 복지카드로 몇몇 병원에서는 싫은 내색을 하며 푸대접을 하였다. 그러나 그는 초조한 마음으로 찾아간 한 병원에서 꿈을 가지게 되었다. 복지카드를 보여줬는데도 의사는 싫은 기색 하나 없이 정성스럽게 치료해주었다. 심지어 진료비를 받지 않고 '아버지가 자랑스럽겠다'며 어린 그의 머리를 쓰다듬어주기도 했다.

이 계기로 이국종은 열심히 공부해서 꼭 그 의사 선생님처럼 되겠다고 다짐했다. 그리고 어린 시절의 결심대로 이국종은 1988년 아주대학교 의과대학에 진학했다. 장애를 얻게 된 환자들과 가족들을 마음속 깊이 걱정하고 위로했다. 그런 그의 진심을 알기에 환자도 보호자도 그를 좋아하고 믿었다.

그는 2011년 1월 21일 오만에서 피랍된 선원들을 구출하는 과정에서 총상을 입고 중태에 빠진 석 선장의 주치의로 발탁되었다. 그러면서 이국종은 언론에 보도되었다. 이국종 교수가 언론에 보도되자 온 국민의 관심이 집중되었다. 이렇게 국민적인 관심을 받는 환자는 처음이었기 때문에 이국종 교수는 실패에 대한 부담감이 컸다.

오만에서 석 선장을 진찰한 이국종은 예상보다 훨씬 상처가 심각하다는 걸 확인했다. 오만에서는 추가치료에 필요한 혈액과 약품들을 구하기 힘들었다. 이국종은 고심 끝에 환자를 한국으로 긴급 이송하기로 결정했다. 스위스에서 에어 구급차까지 동원해 석 선장을 한국으로 데려왔다. 오자마자 숨 돌릴 틈도 없이 바로 응급수술이 시작됐다. 호흡 기능이 좋지 않아 애를 태우기도 했지만 온 힘을 다해 치료했다. 그 결과 석 선장은 점차 호전되었고 9개월 후에는 건강한 몸으로 퇴원할 수 있게 되었다.

골든아워는 환자에게 가장 중요한 시간이다. 부작용을 최소화하며 치료 효과를 기대할 수 있는 시간이므로 심근경색이나 뇌졸중 같은 경우엔 3시간을 넘기지 않고 치료를 받아야 회복할 수 있다. 골든아워 중 가장 중요하고 긴급한 순간이 바로 4분이다.

"환자는 돈 낸 만큼이 아니라 아픈 만큼 치료받아야 한다."

의사 이국종 교수의 일화는 모두가 아는 이야기이다. 이국종 교수는 의사라는 직업을 통해 꿈의 깊이를 보여준 산 증인이다. 의사로서 평범한 삶에 안주하지 않고 최악의 순간까지 환자를 살리고자 하는 열정을 불태우는 모습을 보였다. 이것은 의사가 되고 나서 진정으로 원하는 바를 실천한 것이다. 진정한 꿈이 무엇인지 꿈의 깊이를 보여주는 본보기가 되었다.

꿈은 직업을 뛰어넘어 가슴 뛰게 하는 무엇이다. 부모는 아이에게 직업이 아닌 '나만의 꿈'을 성취하게 도와주어야 한다. 꿈은 혼자 무엇이 된다는 관점보다 누군가에게 선한 영향력을 끼치는 것이다. 아이가 선한 영향력으로 꿈을 펼칠 수 있게 도와줘야 한다. 꿈은 곧 일일 수 있고, 그 꿈과 일은 딱히 정해진 직업이 아닐 수도 있다는 걸 알려주어야 한다.

많은 사람이 자신의 직업으로 성공한 이후에 자신의 재능을 사회에 나누는 일이 많다. 가슴에 품었던 꿈을 실현하고자 자신의 재능을 나누며 행복한 삶을 살아간다. 탤런트 김혜자 선생님은 자신의 직업에서 크게 성공한 인물이다. 지금은 봉사활동을 통해 많은 사람에게 꿈의 대상이 되었다. 그는 지인의 권유로 우연히 아프리카로 봉사활동을 떠났다. 봉사활동은 그의 인생에 큰 깨달음을 준 특별한 일이었다. 그의 봉사활동은 다른 연예인들도 스스로 봉사활동을 실천하게 되는 등 커다란 영향을 미쳤다.

'봉사활동을 하려거든 김혜자 씨처럼 하라'는 말도 있다.

내가 아는 의사 선생님은 업무가 끝난 후에 자주 가는 곳이 있다. 음악을 좋아하는 지인들과 만든 작은 밴드 연습실이다. 어린 시절 기타 연주는 그의 꿈이었다. 하지만 부모님의 반대로 공부를 해야 했다. 지금 그는 성공한 의사가 되었다. 의사가 된 후에 공부하느라 접었던 꿈을 이루는 시간을 만들었다. 처음에는 온종일 환자들과 쌓인 스트레스를 풀기 위한 시작이었다. 그러나 시간이 흐를수록 밴드의 실력은 늘어갔고, 지금은 많이 알려져서 여기저기서 오라는 곳이 많단다. 관객들에게 자신들의 음악을 들려주고 사람들이 즐거워하는 모습을 보면, 어린 시절의 꿈을 이루게 되어 행복하다고 한다. 이토록 직업이 아닌 꿈을 이루는 과정은 다양한 모습으로 나타난다.

요즘 아이들은 입시경쟁 속에서 진로와 꿈에 대해 고민할 여유조차 없다. 부모님들이 권하는 안정된 직업과 경제적 성공을 최고의 가치로 받아들인다. 학생들의 선호도 조사에는 의사, 변호사, 공무원, 대기업 같은 안정된 직업이 우선으로 꼽힌다. 이런 현상은 부모들이 만들어낸 세상의 틀이 원인이다.

아이들이 세상의 틀에서 벗어나 자신이 무엇을 원하는지 탐색하게 도와주어야 한다. 그리고 자신을 마주할 기회의 장을 마련해줘야 한다. 직업을 위한 공부가 아닌 꿈을 이루는 공부가 더 중요하다. 세상을 바꾸는 것은 현실의 틀에 갇힌 어른이 아니라 꿈을 좇는 아이의 몫이다. 소중한 아이들이 직업이 아닌 꿈을 성취하게 하자!

- 4 -

매일 똑같은 공부는 이제 그만

"공부만 하는 방식을 벗어나
공부를 재미있는 놀이처럼 할 수 있어야 한다."

"엄마, 나 학원에 가기 싫어!"

"왜?"

"맨날 똑같은 공부 하기 싫어!"

"네가 먼저 하고 싶다고 했잖아!"

"그래도 싫어. 엉엉!"

"울어도 소용없어, 빨리 학원 갔다 와!"

"싫어!"

"싫어? 그러면 학원 가서 원장님한테 학원비 돌려 달래서 받아와!"

"…."

어느 집에서나 한 번씩 겪었을 실랑이다.

아이들은 공부를 잘하기 위해서 태어난 존재가 아니다. 그리고 공부를 즐기기 위해 태어나지도 않았다. 공부보다는 오히려 실컷 뛰어노는 것을 좋아한다. 그러나 요즘 엄마들은 아이들이 혼자 노는 것을 불안하게 생각한다. 혹시 다른 아이들과 비교해서 뒤처지면 어쩌나 걱정을 한다. 옆집 아이가 학원을 가니 내 아이도 학원을 보내야 한다고 생각한다. 학원을 가지 않으면 같이 놀 친구가 없다는 것이 이유다. 하지만 엄마의 내면에는 '좋은 성적을 얻어야 한다'는 비밀이 숨어 있다.

아이들이 조금이라도 꾀를 부리려고 하면 엄마는 이를 용납하지 않는다. 한 번 허용하면 습관이 된다며 아이를 다그치기 일쑤다. 이런 상황이 되면 즐거워야 할 배움이 스트레스로 변한다. 그리하여 배움을 위한 모든 생각과 행동을 멈추려 한다. 책만 봐도, 연필만 봐도 짜증이 나게 된다. 그리하여 점점 공부를 멀리하게 된다. 학년이 올라갈수록 공부를 점점 더 어려운 골칫덩이로 여기게 되는 것이다. 그 결과 아이는 공부에 흥미 없는 아이로 변하게 된다.

은영이와 나는 중학교 3년 내내 단짝으로 함께했었다. 나는 부모님과 헤어져서 살았고, 엄격한 할머니의 영향으로 내면이 힘든 아이였다. 반면 은영이는 교양 있는 부모님을 둔 부잣집의 명랑한 막내딸이었다. 우리는 학교가 끝나면 거의 매일 은영이 집에서 놀았다. 은영이네는 그 시절 보기 힘든 전자제품들과 신기한 물건들이 많았다. 그중에 전기밥솥이 제일 신기한 물건이었다. 우리 동네에서 전기밥솥 있는 집은 은영이네 하나뿐이었을 것이다.

은영이와 신나게 놀고 숙제까지 하고 나면 은영이 엄마가 저녁상을 차려주셨다. 전기밥솥에서 김이 모락모락 나고 유난히 반지르르한 하얀 쌀밥을 밥그릇에 담아주시던 기억이 지금도 선명하다. 그 전기밥솥의 밥은 얼마나 맛이 있던지 순식간에 한 그릇 뚝딱했다. 저녁을 먹고 나서 조금 놀고 있으면 우리 담임 선생님이 오셨다. 은영이 과외를 해주러 오신 것이었다. 그때는 학교 선생님이 몰래 과외를 해도 눈감아주던 시절이었다. 은영이 혼자 공부하면 심심하다고 은영이 엄마가 나도 함께하게 해주셨다.

우리는 일주일에 3~4번씩 담임 선생님께 과외를 받았다. 선생님은 어려운 수학을 쉽고 재미있게 가르치시는 능력이 있었다. 나와 은영이가 제일 싫어하는 과목이 수학이었는데 선생님께 과외를 받고 난 후로는 제일 좋아하는 과목이 되었다. 선생님은 우리가 재미있게 공부하는 모습을 흐뭇해하셨다. 그때의 즐거웠던 공부의 기억은 좋은 추억으로 남아 있다. 그렇게 우리는 지루하거나 힘들이지 않고 학교생활을 했다. 성적이 좋든 말든 상관없이 행복한 중학교 시절을 보낸 것 같다. 은영이와 나는 서로 다른 고등학교에 입학하면서 헤어지게 되었다. 고등학교 1학년 무렵 은영이네는 미국에 이민을 떠났다. 처음에 몇 번 전화 통화를 했으나 오래전에 연락이 끊긴 상태라서 지금은 그리움으로만 남아 있다.

아이들은 언제나 모든 면에서 즐겁고 자유로워야 한다. 그러므로 아이들의 학습과 관련하여 처음 배울 때는 재미있고 즐거운 방식으로 시작해야 한다. 그러면 아이는 호기심과 재미를 느끼고 배움에 깊이 빠져들게 된다. 오로지 공부만 하는 방식을 벗어나 공부를 재미있는 놀이처럼 할 수 있어야 한다.

아이들이 공부를 심각하고 지루하게 느끼게 되면 그 공부는 살아 있는 공부가 아니다. 어떤 과목의 공부라도 진도 나가는데 급급할 것이 아니라 일단 재미를 붙이게 해야 한다. 어려운 문제라도 이상하고 엉뚱한 방향으로 연결해보자. 긍정적인 해답을 찾으며 배우는 즐거움에 빠져들게 하는 것이 중요하다. 즐거움은 아이들이 어떤 일을 할 때 신나게 할 수 있게 만드는 원동력이 된다.

내 학창시절 생생한 기억으로 남아 있는 선생님은 우리 학교에 처음으로 부임하신 영어 선생님이셨는데 여자 선생님이었다. 얼굴은 예쁘지 않았으나 풍기는 이미지가 무척 세련되셨다. 세련된 이미지만큼 영어공부 또한 세련되게 가르쳐주셨다. 그분은 학생들의 인기를 독차지했고 서로 자기 담임 선생님이 되었으면 좋겠다고 생각하게 되었다. 다행히 그 선생님은 우리 담임 선생님이 되셨고 영어뿐 아니라 모든 면에서 월등한 매력을 발산하셨다. 우리는 너무 행복했고 다른 반 아이들의 부러움을 샀다.

선생님이 가르치시는 영어 수업은 다른 선생님들과는 차원이 달랐다. 무조건 외우고 100번씩 써오는 식의 매일 똑같은 수업이 아니었다. 그 선생님은 우리에게 영어 노래를 가르쳐주셨다. 영어 시간이 음악 시간처럼 즐거울 수 있다는 것을 그때 처음 알았다. 우리는 매일 영어 시간에 배운 노래를 흥얼거리고 다니며 단어공부를 했다. 100번씩 써오는 단어 숙제도 없었다. 100번씩 쓰지 않아도 영어 단어가 너무 쉽게 외워지는 마법을 배운 것이다.

우리 반 아이들은 너무 행복하게 학교생활을 했다. 다른 과목 공부도 덩달아 재미있었고 학교 가는 것이 즐거움이었다. 그런데 1년이 채 안 된 2학기 가을 어느 날 선생님은 교사 생활을 그만두시게 되었다. 선생님의 실력이 너무 뛰어나서 어느 은행에서 스카우트를 제안하였고 선생님은 승낙하셨다는 것이었다. 우리는 너무 많이 아쉬웠고 선생님을 보내기 싫었다. 선생님과 마지막 수업을 하고 운동장에서 사진을 찍고 선생님과 작별할 때 우리도 울고 선생님도 우셨다.

사실 나는 그때 선생님의 선택이 이해가 되지 않았다. 선생님이 되었으면 선생님을 해야지 왜 은행을 선택해서 가셨을까? 그 의문 사항은 오래도록 내게 남아 있었다. 그리고 영어 선생님이 영어를 가르쳐야지, 은행에서 무슨 일을 할까 무척 궁금했다. 내가 보아왔던 은행 직원은 창구에서 손님들을 상대하는 직원이 다였으니, 거대한 규모의 조직을 알 리가 없었기 때문이다.

이러한 현상은 사고의 폭이 좁은 탓이다. 내가 보는 것이 전부라고 인식하는 데는 원인이 있다. 코끼리 다리를 만지며 코끼리는 기둥처럼 생겼다고 말하는 것과 같은 현상이다.

아이들을 기르고 가르치는 부모들도 마찬가지다. 당장 아이가 받아오는 점수에 집중해서 모든 것을 판단하는 것은, 코끼리 다리를 만지며 정작 코끼리의 실체는 모르는 것과 같다. 보이는 것 외에 어떤 것이 있는지, 그것을 발견하려면 어떻게 해야 하는지 깊이 생각해보고 그 생각을 아이들과 나누어야 한다. 실체를 알고 공부해야 재미있고, 재미있어야 꿈도 꾸기 마련이다.

아이의 꿈은 항상 소중하게 다루어야 한다. 매일 똑같은 공부와 선행학습으로 아이가 지치게 되면 아이의 꿈도 희미하게 빛을 잃어가고 만다. 그래서 자신의 꿈이 무엇이었는지 모르는 어른이 되어가는 것이다.

이제는 선행학습으로 아이가 성공할 수 있을 것이라는 허망한 생각에 들떠 매일 똑같은 공부로 아이들을 힘들게 하지 않기 바란다. 일상생활에서, 4차 산업혁명 시대에 즐겁게 경험할 수 있는 다양한 종류의 배움을 학원에서 해결하고자 하지 말자. 그리고 여유로운 마음으로 10년 후의 우리 아이는 어떤 모습으로 어디쯤 서 있을까를 깊이 생각해보자. 그렇게 여유로운 마음으로 아이를 바라보고 믿어주면 아이는 자유롭고 행복한 마음으로 자신의 꿈을 펼치며 멋진 삶을 만들어나갈 것이다.

비보이팀 '갬블러' 리더, 장경호

장경호는 지하철역에서 브레이크 댄스를 추던 소년이다. 그는 비보이 세계대회를 제패한 후 대학에서 비보잉을 가르치는 교수가 됐다. 그의 꿈은 국립 비보이단을 만드는 것이다. 장경호는 어릴 때부터 춤에 대한 꿈이 있었다. 누구보다 브레이크 댄스를 잘 추고 싶었고, 세계대회에 나가 우승하고 싶었다. 그는 매일 5시간 이상 춤 연습을 했다. 한번은 사흘 동안 한숨도 자지 않고 춤을 춘 적도 있다. 춤을 추다 쇄골이 부러져 꿈을 포기할 뻔한 시련도 있었다. 하지만 그는 포기하지 않았다. 힘든 시간을 견뎌내며 그의 춤에 대한 열정은 더욱 뜨겁게 달아올랐다. 장경호는 리더십을 발휘하며 팀 운영도 잘한다고 했다. 그의 리더십은 어디에서 나오는 걸까?

그는 가방에 늘 책을 가지고 다녔다고 한다. 백과사전뿐 아니라 아리스토텔레스의 『형이상학』까지 그는 독서를 통해 성공하는 법을 배웠다.

물론 처음부터 어려운 책을 읽은 건 아니었다『래리 킹의 대화의 법칙』과 『헨리 코헨의 협상 법칙』을 보다 보니 플라톤, 아리스토텔레스에 관한 책을 읽게 되었다. 장경호는 근원적인 지식은 사람들이 다 다루는 것 같아서 고전을 손에 들게 되었다. 그는 리더로서뿐만 아니라 비즈니스 감각이 남다르다는 평을 듣는다. 그 힘도 바로 책 덕분이라고 한다. 조곤조곤 말하던 그가 오랜만에 '비보이답게' 말한다.

"책을 읽으니 닫혀 있던 뇌가 터지는 기분이 들던데요."

-5-

성적과 꿈은 다르다는 것을 알게 하라

"유명한 인물 중에는 틀에 박힌 교육보다 자신이 이루고자 하는 꿈을 향해 자유롭게 나아간 사람들이 더 많다."

아이가 초등학교에 입학하면 엄마들은 몸과 마음이 분주해진다. 이런 저런 준비물이며 아이가 만나게 되는 선생님과 친구들의 관계며 공부와 숙제들을 챙기기 바쁘다. 아이가 입학하고 제일 먼저 신경 쓰이는 부분은 아이가 만나는 선생님에 대한 것이다. 아이와 선생님의 관계는 아이가 초, 중, 고, 대학까지의 긴 여정에 첫걸음을 내딛는 기본이 되기 때문이다. 그래서 엄마들은 선생님의 지도방식에 따라 모든 것을 집중하며 1학년을 보내게 된다.

다음으로 중요한 것은 친구 관계다. 학교에서의 친구 관계는 상당한 부분을 차지한다. 아이에게는 선생님보다 친구 관계가 훨씬 더 중요하다. 친구 관계가 잘 이루어져야 신나고 즐겁게 학교생활을 해나갈 수 있기 때문이다. 친구는 아이의 성장 과정에 커다란 영향을 끼치는 인생의 동반자다.

그다음으로 중요한 것은 공부와 성적이다. 아이가 학교에 입학하면서 시작되는 공부는 아이에게뿐 아니라 부모에게도 적지 않은 부담으로 다가온다. 옛날에는 초등학교에 입학해서 글자를 쓰고 익혔지만, 요즘은 웬만한 동화책 한 권 정도는 읽을 수 있는 수준으로 입학한다. 간혹 글자를 모르고 오는 아이들은 학습을 쫓아가기 버거운 상태로 시작해야 해서 많은 고초를 겪게 된다.

태호라는 아이가 있다. 태호는 부모가 없이 할머니와 살고 있다. 할머니는 돈을 벌어야 했기 때문에 태호는 온종일 집에서 혼자 지내야 했다. 태호는 그림을 잘 그렸다. 온종일 그림을 그리며 할머니를 기다리는 것이 태호의 유일한 즐거움이었다. 태호는 8살이 되어 초등학교에 입학하게 되었다. 그러나 글자도 숫자도 모르고 학교생활을 해야 하는 태호는 모든 면에서 어려움을 겪었다. 그런데 태호가 2학년 때 태호네 반 담임 선생님이 태호의 그림을 보고 교내 미술대회에 나가는 것을 권했다. 태호는 그 교내 대회에서 입상했고 그 후로는 자신감이 생겼는지 학교생활에도 잘 적응하게 되었다. 지금은 SNS에 자신의 그림을 올려 사람들의 호응을 얻고 있다.

요즘도 가끔 글자를 모르고 초등학교에 입학하는 아이들이 있다. 어려운 집안 환경 때문이기도 하지만 그렇지 않은 예도 있다. 아이가 글자는 모르지만 춤을 잘 출 수도 있고, 악기를 잘 다루지만 글자를 모를 수도 있다. 글자를 모르지만 그림을 잘 그릴 수도 있고, 공을 잘 차지만 글자를 모를 수도 있다. 아이들의 재능이 다양하기 때문이다. 이렇게 다양한 재능을 가진 아이들이 학교에만 가면 달라진다. 학교는 아이의 재능보다 성적을 더 중요시하기 때문이다. 성적이 좋은 아이들은 학교생활이 즐거울 수 있다. 성적 위주로 돌아가는 시스템에 적응하기 쉽기 때문이다. 그러나 재능은 있으나 성적이 좋지 않은 아이들은 학교생활이 힘들어진다. 자신의 재능과 상관없는 공부도 해야 하기 때문이다. 이렇게 재능이 뛰어나도 공부가 뒷받침되지 않아 학교생활에 적응하기 어려워서 맘고생을 하는 아이들이 많다. 공교육의 획일화된 시스템에서 특별한 재능을 가진 아이들이 공부나 시험성적에 부담을 갖지 않고 자유롭게 학교생활을 할 수 있다면 좋을 것 같다.

학년이 올라가면서 공부는 더 어려워지고 아이들의 격차는 벌어진다. 학교성적은 마치 아이의 미래 운명을 결정짓는 잣대로 여겨지며 부모를 긴장하게 만든다. 이 긴장감은 아이들의 성적을 더 빨리, 더 높게 올리는 방법을 연구하게 만든다. 부모는 온라인으로 교육 정보를 얻기도 하고, 옆집 엄마와 선배와 학원 원장님께 수많은 조언을 구한다. 그렇게 아이의 성적을 높이는 방법으로 가장 많이 선택하는 것이 학원이나 과외다. 부모님들은 아이의 미래를 위하여 거액의 금액을 들여서라도 사교육을 선택한다. 그러나 학원에 다니고 과외를 해도 성적이 오르지 않는 경우는 의외로 많다.

부모는 성적이 오르지 않는 아이를 다그치게 되고 아이는 스트레스를 받으면서도 억지로 학원과 과외를 할 수밖에 없다. 그렇지 않으면 실패한다고 생각한다. 이러한 교육 방식이 아이의 재능을 펼칠 수 없게 만들고 꿈을 사라지게 만드는 요인이 되기도 한다.

"천재는 1%의 영감과 99%의 땀이다."라는 명언으로 유명한 에디슨도 처음부터 천재라고 불리지는 않았다. 오히려 이상한 아이라고 여겨질 정도였고 스스로 알을 품어 병아리를 부화시키려 하는 등 이상한 행동을 했다. 그만큼 세상에 대한 호기심이 머릿속에 가득했다. 초등학교 시절의 담임 선생님은 그를 감당하지 못하겠다는 이유로 입학한 지 3개월 만에 퇴학을 시켰다. 에디슨은 만물에 대한 호기심이 많아 당시의 주입식 교육에 적응하는 데 어려움을 겪었다.

초등학교를 퇴학한 에디슨은 그 이후에 전직 교사였던 그의 어머니에게 교육을 받았다. 에디슨의 어머니는 온갖 지식을 그에게 가르쳤다. 에디슨은 자신이 알아내고자 하는 것은 다양한 시도를 통해서 꼭 성과를 보고야 마는 성격이었다. 게다가 집념과 근성이 강했기 때문에 틀에 박힌 학교 교육으로는 그의 꿈을 성공시킬 수 없었을 것이었다.

소년 시절의 에디슨은 자신의 인쇄기로 신문을 만들어 팔기도 했다. 어느 날 에디슨은 기차 출발 시각에 늦었다고 한다. 출발하는 기차에 오르려다 떨어질 지경에 놓였다. 그것을 본 기차의 차장이 에디슨을 붙잡았다. 그런데 차장이 잡아당긴 것이 하필이면 귀였다. 에디슨은 귀를 잡혀서 간신히 기차에 오를 수는 있었다. 하지만 그 과정에서 고막을 다쳐 청력을 잃게 되었다. 호기심으로 인해 다치고 죽음의 위기를 겪기도 했지만, 에디슨은 결코 호기심을 버리지 않고 늘 실험정신으로 궁금증을 해결해갔다. 그리고 성인이 되어서는 발명도 하고 사업가로도 왕성하게 활동했다. 에디슨은 벨이 발명한 전화기를 한층 더 좋게 만들었다. 백열전구를 연구해 그때까지 수명이 짧았던 백열전구를 40시간 이상 빛을 발할 수 있게 만들었다. 에디슨으로 인해 전등의 시대가 열린 것이다. 그 뒤로 에디슨은 영사기와 축전지 등 1,000여 종이 넘는 발명을 했다. 사람들이 발명왕이 된 비결을 묻자 그는 “천재는 1%의 영감과 99%의 땀으로 만들어진다.”라고 했다. 그만큼 에디슨은 발명에 수많은 노력을 기울인 것이다. 에디슨뿐 아니라 세계적으로 유명한 인물 중에는 틀에 박힌 교육보다 자신이 이루고자 하는 꿈을 향해 자유롭게 나아간 사람들이 더 많다.

아이가 스스로 꿈을 찾아서 목표를 세우고 성공을 향해 끊임없이 노력하는 길에, 높은 성적이 필요하다면 큰 격려와 응원해주는 것이 당연하다. 꿈이 있는 아이는 '목표'를 갖고 공부하지만, 뚜렷한 목표와 꿈이 없이 마냥 공부만 열심히 하는 아이들은 금방 지치게 된다. 언제 끝이 나는지 종착점을 모르기 때문이다. 그러므로 아이들이 꿈을 품고 목표를 정해서 공부할 수 있도록 이끌어주기 바란다. 그리고 그 목표는 꿈에 이르는 길이니 눈으로 자주 보게 해주고 귀로 듣게 해주자. 꿈과 목표는 자주 들을수록 해내고자 하는 의욕이 생기고 뚜렷하고 세밀하게 상상하면 현실로 이루어진다. 이제는 부모들이 관점을 바꿔야 할 시기이다. 학교 성적만이 성공으로 이르는 길은 아니다. 아이가 공부에 재미를 못 느낀다면 무엇을 좋아하는지, 무엇에 관심이 있는지 알아보고 새로운 것에 눈을 돌리게 해야 한다. 그리고 아이들에게 성적과 꿈은 다르다는 것을 알려주어야 한다. 책을 읽고 글을 쓰면서도 자신의 꿈을 얼마든지 찾을 수 있고, 멘토를 통해서 꿈에 이르는 길을 들을 수도 있다. 요즘은 온라인 세상에서도 얼마든지 자신과 맞는 꿈을 발견할 수 있다. 아이와의 깊은 대화를 통해 미래의 꿈의 씨앗을 발견해보자.

- 6 -

공부 잘해야 성공한다고 말하지 말자

"지금의 아이들이 살아갈 미래에는
공부만 잘해서는 크게 성공하기 어렵다."

우리가 살아오면서 귀에 못이 박이도록 듣는 말 중의 하나가 "공부 잘해야 성공한다."라는 말이다. 나의 부모 세대부터 들어왔던 그 말이 진리라도 되는 것처럼, 나도 아이들에게 똑같이 말하며 살았다. 아마 나의 아이들도 같은 말을 하며 자신의 아이들을 키우게 될 것이다. 왜냐하면, 아이에게 엄마의 말은 진실이며 잘 따라야 성공할 수 있다고 믿고 있기 때문이다. 엄마의 말 한마디는 아이의 인생에 지대한 영향을 끼치므로 엄마는 아이를 잘 키우기 위해 신중하게 말하는 습관을 들여야 한다.

"공부 잘해야 성공한다."라는 말은 아이의 배움을 공부로 연결하겠다는 말이다. 하지만 공부가 배움의 다는 아니다. 배움은 포괄적인 의미를 담고 있지만, 공부는 깊이를 의미한다. 아이가 공부를 잘하기를 원한다면 배움을 먼저 알게 해주어야 한다. 배움을 알게 해주려면 아이가 실컷 놀아볼 기회를 제공해야 한다. 아이들이 원 없이 놀다 보면 자신만의 사물을 대하는 원리를 깨닫게 된다. 그 깨달은 원리를 공부에 대입하면 재미있고 즐겁게 공부할 수 있다. 그리고 그 공부 자체가 성공이 아닌 성공으로 가는 발판임을 알게 된다.

나는 경제적으로 가난한 상황에서 아이들을 키웠다. 그러나 아이들에게는 가난한 내색을 하지 않으려고 노력했다. 나는 아이들이 가난해서 하고 싶은 걸 못할 수도 있다는 것을 알게 하고 싶지 않았다. 그리고 내 마음속에는 가난해도 아이들을 잘 키워서 멋진 사회인으로 성공시키고자 하는 소망이 있었다. 그 소망은 어떠한 어려운 상황에서도 나를 지켜주는 버팀목이 되었다.

나는 아이가 갓난아이였을 때부터 책 읽어주는 것을 좋아했다. 가난한 엄마인 내가 아이들에게 해줄 수 있는 최고의 교육 방법은 책을 많이 읽어주는 것이었다. 나는 책을 통해서 아이의 교육을 성공시킬 수 있을 것이라 믿었다. 나는 틈나는 대로 아이에게 책을 읽어주었다. 아이와 함께 앉아서 책을 읽어줄 수 없을 때는 CD를 틀어놓았다. 그러면 아이는 책을 듣으면서 놀고, 놀면서 책을 듣는 것이다. 밤에 아이가 잠들기 전에도 책을 읽어주거나 동화 CD를 틀어주었다. 하루 중 많은 시간을 책 속에서 지내게 했다. 이 방법은 돈 들이지 않고 아이를 똑똑하게 키우게 되는 최고 비법이다.

"엄마 미운 아기 오리 읽어주세요."
"아까 3번 읽어줬는데."
"그래도 또 읽어주세요!"

5살 아들은 『미운 아기 오리』를 너무 사랑했다. 아들은 온종일 『미운 아기 오리』 책만 반복해서 읽어달라고 했다. 나는 별일이 없는 한, 아이가 원하는 대로 같은 책을 반복해서 읽어줬다. 아이는 지치지도 않고 며칠 동안 계속 『미운 아기 오리』 책 한 권만 원했다. 아이가 원하는 대로 읽어주지만 어떨 때는 내가 힘들어졌다. 그런 날은 귀찮아서 대충 읽어준다.

그럴 때면 아들은 "그게 아니에요! 미운 오리가 도망쳐야 하는데 왜 안 나와요?"라거나 "어? 잘못 읽었어요, '했어요'가 아니라 '했습니다'예요!"라고 한다. 아이는 이미 내용과 글자 하나하나까지 다 암기하고 있었던 것이다. 그렇게 책 하나를 선택해서 원하는 만큼 읽고 만족하면 어느 순간 그 책을 더는 읽지 않았다. 아이의 머릿속에 완벽하게 저장되었기 때문이다. 그리고 다시 다른 책을 선택해서 똑같은 과정을 거쳤다. 이런 시간이 모여 나의 아이들은 별다른 사교육 없이 스스로 노력하여 자신이 원하는 만큼의 성과를 거두었다.

나도 아이들이 학교에 다닐 때, 항상 입버릇처럼 한 말이 있었다.

"공부 잘해야 성공한다."
"대기업에 가야 성공하는 것이다."
"안정된 직업이 최고야!"
"대기업을 가야 만나는 사람들의 레벨이 달라진다."

이런 말로 대기업이 아이들 인생의 모든 것처럼 말했다. 그런데 어느 날 갑자기 '이건 내가 원한 것이 아닌데!'라는 생각이 들었다. 내가 10년 이상 베이비시터로 근무하며 부자들의 생활을 보면서 관점이 바뀐 것이다. 크게 성공한 부자들의 관점에서 대기업 연구원은 하나의 월급쟁이 이상도 이하도 아니었다. 일반적으로 대기업 연구원으로 취직한 것은 어려운 성공이라고 알고 있다. 하지만 그 어렵게 성취한 성공이 사실은 완벽한 성공이 아니라는 것을 알게 되었다. 그 사실을 알게 된 순간 나는 내가 버텨온 신념이 무너지는 것을 느꼈다. 나는 세상이 만들어놓은 허상을 진짜라 믿고 아이들에게 절반의 성공을 이야기했던 것을 후회했다.

완벽한 성공은 시간과 경제적인 부분에서 벗어나야 진정한 성공이다. 내 아이들이 대기업을 선택하기 위하여 쏟아부은 시간과 노력이, 흘린 땀과 눈물이 얼마인지 모른다. 그렇게 선택한 직장에서 아이들은 또다시 피땀을 흘리며 치열한 시간을 보내고 있다. 한 달에 한 번씩 나오는 월급으로 위안 삼으며….

그러나 나는 좌절하지 않는다. 내 아이들은 자신의 목표를 스스로 이루어보았으니, 성공이 무엇인지 어떤 방식으로 이루어지는지 알 것이다. 따라서 그 성공의 경험이 다음의 꿈과 목표를 다시 세우고 이루게 할 것이라고 믿는다.

『타이탄의 도구들』이란 책에는 영화감독인 로버트 로드리게즈의 이야기가 나온다.

로버트는 자신이 창의적인 삶을 살고 있다고 말한다. 창의성을 불어넣으면 하지 못할 일이 없다고 했다. 유명한 화가로부터 그림을 배우기 위해 그가 그림 그리는 모습을 옆에서 봤다. 자신도 잘 그리고 싶어서 유명한 화가에게 물어봤다. 돌아오는 대답은 "몰라요. 무엇부터 그릴지, 다음에는 뭘 그릴지 항상 그때그때 달라요."라는 말뿐이었다. 꼭 비결을 캐내고, 뭔가를 알아야만 열심히 몰입할 수 있는 건 아니다. 오히려 그런 방식에서 벗어나야 자연스럽게 몰입이 된다. 무엇이 나를 창의적인 몰입으로 이끄는지 거의 4년 동안 배우고, 묻고, 생각했지만 얻은 답은 없었다. 다만 아무것도 모르는데도 어느새 나 자신이 저절로 몰입을 허용하고 있었다.

"걱정하지 마라. 남들도 잘 모른다. 모른다는 것이 핵심이다. 꼭 알지 않아도 된다. 그냥 앞으로 계속 가면 된다."

'의심하는 나'에서 벗어나야 저절로 길이 열린다는 것이다. 그리고 항상 실패는 오래가지 않는다고 말했다. 나중에 돌아보면 실패가 아니라 자신에게 꼭 필요했던 중요한 발전의 순간이었음을 깨닫게 된다는 것이다. 그리고 그는 '당신의 직관을 믿으라'고 말했다.

나는 나의 직관을 믿는다. 그 직관이 나를 책 쓰기 과정에 등록하게 했다. 나는 꿈이었던 책을 쓰는 작가가 되고, 나의 이름을 브랜딩할 것이다. 그렇게 1인 창업의 길을 갈 것이다. 어떤 사람들은 예순이라는 늦은 나이에 새로운 것에 도전하는 나를 어리석다고 말할 수도 있다. 그러나 다른 누군가는 나를 응원하고 격려해줄 것이라 믿는다. 사람들의 응원을 받든 안 받든 그건 그리 중요한 일이 아니다. 나는 내가 선택한 길을 '그냥 계속' 갈 것이다.

내가 새로운 꿈에 도전하는 이유는 나의 아이들을 위해서다. 4차 산업혁명 시대에는 온라인과 스마트폰을 이용하여 경제적인 활동을 할 수 있다. 이 문명의 세상에서 1인 창업을 통해 경제적인 자유를 얻어보고자 한다. 그리하여 시간에 얽매이지 않는 삶을 사는 방법을 내가 먼저 터득하려 한다. 직장생활로 자유롭지 못한 자녀들에게 내가 먼저 성공하는 모습을 보여줄 것이다. 나는 아이들이 시간과 경제적으로 자유로운 삶을 살기 바라고, 꿈이 있다면 나처럼 늦은 나이에 시작하지 말고 조금 더 일찍 시작하길 바란다.

영화배우 짐 캐리는 마하리시대학교 졸업식 축사에서 이렇게 말했다.

"저희 아버지는 훌륭한 코미디언이 될 수 있었습니다. 하지만 본인은 가능하다고 믿지 않았습니다. 그래서 코미디언 대신 회계사라는 안전한 직장을 선택했습니다. 제가 12살 되던 해에 아버지는 그 안전한 직장을 잃었습니다. 그리고 우리 가족은 살아남기 위해 무엇이든 해야 했습니다. 저는 아버지로부터 가장 중요한 교훈을 얻었습니다. 하고 싶지 않은 일을 하면서도 실패할 수 있다. 그러니 이왕이면 사랑하는 일에 도전하는 것이 낫다."

지금의 아이들이 살아갈 미래에는 공부만 잘해서는 크게 성공하기 어렵다. 4차 산업혁명을 잘 알고 그것에 맞는 교육 방식을 구상해야 한다. 그러므로 더 이상 공부 잘해야 성공한다고 말하지 말자. 현실을 직시하고 아이의 미래를 위한 새로운 지식과 지혜로 건강한 미래를 준비하는 것이 현명한 부모가 할 일이다.

- 7 -

아이의 미래를 과소평가하지 마라

"아이들이 살아가야 할 세상은 디지털 세상,
4차 산업혁명 시대의 중심이다."

"아빠 이거 내가 해볼래요."

"안 돼!"

"한 번만 해볼래요."

"네가 뭘 안다고 그래! 저기 가서 놀아!"

"나도 해보고 싶은데…."

아이들이 부모가 하는 일에 관심을 보이면 보통 이렇게 아이들의 호기심을 차단해버린다. 얼마 전에 부모 교육에서 배운 "아이들의 호기심을 자극해주어야 합니다."라는 말은 까맣게 잊은 지 오래다. 아이들은 호기심으로 설레는 하루를 보내며 자라야 한다. 호기심을 통하여 창의력이 발동되기 때문이다. 아이가 호기심으로 눈을 반짝일 때 그것을 막지 말아야 한다.

"아빠, 이거 내가 해볼래요."
"그래. 할 수 있겠어? 해보고 안 되면 말하렴. 도와줄게."

이렇게 말해야 한다. 아이들의 가슴을 두근거리는 순간은 호기심으로 시작한 일이 정말로 되어가고 있을 때다. 작은 호기심으로 시작한 일이 아이를 에디슨이나, 아인슈타인 같은 세계적인 인물로 만들어줄 수 있다.

한 학생이 아인슈타인에게 물었다.

"선생님께서는 이미 해박한 지식을 가지고 계신 데 어찌하여 배움을 멈추지 않으십니까?"

이에 아인슈타인이 답하였다.

"내가 이미 알고 있는 지식이 차지하는 부분을 원이라고 한다면, 원 밖은 내가 아직 모르는 부분이라고 볼 수 있습니다. 원이 커지면 커질수록, 원의 둘레도 점점 늘어나 접촉하게 되는 미지의 부분도 더 많아지게 됩니다. 지금 제 지식의 원은 여러분의 것보다 커서, 제가 접촉하고 있는 미지의 부분 또한 여러분보다 더 많습니다. 즉, 여러분보다 모르는 것에 대한 갈증이 더 크다고 할 수 있겠지요. 상황이 이러한데 어찌 게으름을 피울 수 있겠습니까?"

아이가 호기심이 많다는 것은 알고자 하는 지식의 크기를 키우려는 과정일 수 있다. 처음에 아이는 호기심으로 어떤 대상을 발견하고 탐색한다. 그것이 흥미로우면 잘 알고 싶어 하고 잘 실천하고 싶어 한다. 그래서 탐색할 대상이 선택되면 흥분과 열정으로 달려든다. 이렇게 몰입하며 쏟아붓는 모든 열정으로 인해 창의성이 계발된다. 이러한 창의성으로 과학이 발달하고 인류를 위한 문명이 발전하는 것이다.

작년에 개봉한 영화 〈주먹왕 랄프 2〉를 보고 나는 한동안 온라인 세상에 대해서 생각해보는 계기를 가졌다. 앞으로의 세상은 빠르게 변할 것이며 모든 삶의 질이 달라질 것이다. 내 아이가 살아갈 미래는 온라인 세상과 4차 산업혁명 시대를 정확히 파악하고 이해하지 못하면 살아남기 어려울 것이다. 이러한 시대를 대비하여 부모는 무엇으로 어떻게 아이의 미래 경쟁력을 키울 수 있을지 고민해봐야 한다.

영화 〈주먹왕 랄프 2〉에서 주인공 랄프와 바넬로피는 버려질 위기에 처한 오락기의 부품을 구하기 위해 와이파이를 타고 온라인 세상으로 들어간다. 주인공은 이베이 경매를 잘 모르고 가격을 올리다가, 예상 낙찰가의 약 100배인 3,000만 원에 부품을 낙찰받는다. 온라인 결제 시스템을 잘 알지 못했던 주인공들은 결국 24시간 이내에 돈을 마련하지 못하면 부품을 얻지 못하는 상황에 부닥친다.

랄프는 바넬로피를 위해 유튜브에 수많은 영상을 올려 순식간에 돈을 모았고 오락기 부품을 손에 넣었다. 하지만 바넬로피는 항상 지루해했던 오프라인 게임 세상이 아닌 무궁무진한 기회와 자유로움이 있는 온라인 세상에 남고 싶어 했다. 그로 인해 둘 사이에 마찰은 있었지만 결국 랄프가 바넬로피의 의견을 존중하여 랄프는 오프라인 세상에, 바넬로피는 온라인 세상에 남게 되며 영화가 끝난다. 온라인 세상은 24시간 무한하고 넘치는 경쟁력을 가지고 있다. 또한, 세계의 모든 정보를 교류할 수 있는 무한대의 무대가 만들어져 있다.

우리는 이렇게 유익한 매체를 가지고 게임을 하거나, 정보를 검색하거나, 쇼핑만 한다. 음악을 듣거나, 동영상만 무한히 돌려 보는 것으로 만족하는 사람들이 많다. 그런데 조금만 더 깊이 생각해보면 온라인 세상의 혜택을 만족만으로 끝나기에는 너무 아까운 공간이라는 것을 알 수 있다. 누구에게나 개방된 이 공간을 적극적으로 활용하여 경제적인 부를 축적할 생각을 해보면 어떨까?

지금까지 우리나라 현실은 자녀들에게 경제적인 부를 축적하는 방식을 공부시키지 않는다. 우리는 돈이 어느 정도 풍족하게 있어야만 사람답게 살 수 있다는 것을 안다. 하지만 아이에게 돈을 어떤 방식으로 버는지, 어떻게 관리하고 어떻게 써야 하는지 알려주지 않는다. 아이들에게 부자가 되려면 공부를 열심히 해야 한다고만 한다. 그게 아닌데 말이다.

내 아들이 초등학교 고학년일 때쯤 프로게이머가 되려고 준비하는 아이들이 있었다. 아는 언니 아들도 프로게이머가 되기 위해서 서울로 공부하러 다녔다. 지금 생각해보면 언니는 아이의 미래를 미리 준비하고 공부시킨 현명한 엄마였다. 언니의 아들은 프로게이머로 몇십 억의 연봉을 받으며 20대에 이미 큰 성공을 이루게 되었다. 내겐 생소했던 프로게이머가 아이의 미래에 유망직종이 되었듯이 지금의 부모님들도 아이의 미래를 위해 어떤 선택을 할 것인지 생각해야 한다.

아직도 사교육에 얽매여 자기 아이만 뭔가를 시키지 않으면 뒤처진다고 생각하는 부모들이 많다. 1학년이 되면 국어와 수영을 배워야 하고, 2학년 때는 영어와 피아노를 배워야 한다고 생각한다. 3학년 때는 중국어와 미술을, 4학년 때는 수학, 과학 등등 끝없이 나름의 계획을 세운다. 이러한 계획은 빠르게 변하는 교육의 방향 때문에 안 할 수 없다고 생각한 결과일 것이다. 다른 아이들이 다 하니까 불안해서 안 시킬 수가 없다고 생각한다. 이렇게 해서 아이들은 원하지 않는 공부를 억지로 하게 된다.

교육 환경이 빠르게 변하고 있는데 부모들은 왜 공부만 생각할까? 급변하는 환경에 맞추어 더 넓고 풍요로운 세상으로 이끌어줄 생각은 왜 하지 않는 걸까?

지금의 아이들은 온라인 세상, 4차 산업혁명 시대의 중심이 될 것이다. 그러므로 기성세대의 세상과는 큰 차이를 보이게 된다. 지금과는 비교할 수 없이 끝없이 광활한 온라인 세상에서 자신의 기량을 마음껏 발휘할 수 있을 것이다. 이러한 세상에서 살아가려면 다양한 창의성으로 접근하는 법을 배워야 한다. 그러므로 부모들은 아이의 미래를 과소평가하지 말고 진지한 사고를 통해 아이들이 새로운 세상에 적응할 수 있는 여건을 마련해주어야 한다.

미래의 인재로 아이를 키우고 싶다면 "네가 뭘 안다고 그래!"라는 말로 아이의 호기심을 멈추게 하지 말자. 차원이 다른 세상을 이끌어갈 아이에게는 부모님의 적극적인 관심과 넓고 멀리 보는 혜안이 필요하다.

아이의 호기심과 열정이 당장은 귀찮게 여겨질 수도 있다. 하지만 그 열정이 지금보다 더 눈부시게 발전하는 세상을 향한 발걸음이라 생각하고 10년 후를 바라보며 아이를 키워야 한다. 10년 후에 다가올 변화를 과소평가하지 말아야 한다.

- 8 -

꿈의 멘토를 만들어주자

"전문적인 지식이나 경험을 배울 수 있는
멘토를 찾아주어야 한다."

"남들은 왜 이렇게 힘든 길을 가느냐며 저를 바보라고 부릅니다. 하지만 저는 세상의 모든 학생에게 멘토 한 명씩 만들어주겠다는 꿈으로 세상을 바꾸는 바보가 되고 싶어요."

— 강성태

우리는 살아가면서 많은 실수와 실패를 경험하게 된다. 그 경험을 통하여 많은 것을 배울 수는 있지만, 그만큼의 시간과 노력을 소비하게 된다. 부모가 아이들에게 이러한 실패와 실수를 줄이는 방법을 마련해줄 수 있다. 그것은 멘토를 만들어주는 것이다. 아이에게는 더할 나위 없이 꿈의 멘토가 필요하다.

멘토란 경험과 지식을 바탕으로 다른 사람을 지도하고 조언해주는 사람을 말한다. 멘토를 만들어야 하는 가장 큰 이유는 멘토가 이미 실수와 실패를 경험했다는 것이다. 그래서 그 실수와 실패를 극복하고 성공을 이루어낸 비결을 배울 수 있다. 자신의 실수와 실패 경험을 서로 나누며 아이나 멘토 모두 2배로 성장할 수 있다. 아이와 멘토는 서로 편안한 관계를 유지하며 서로 배우고 믿으며 존중하는 사이가 된다.

멘토는 아이의 목표와 성과를 자세하게 파악해서 아이에게 맞는 의견과 비판을 제공한다. 그리고 아이가 가지고 있는 소질과 꿈을 지지하고 잘못된 점은 개선하도록 도와준다. 그래서 목표에 집중하고 스스로 흥미를 느끼도록 격려를 아끼지 않는다.

내 아들이 고등학교 3학년 올라갈 무렵이었다. 아들은 자신이 가고자 하는 학교와 학과를 정했다. 그 학과는 신설된 지 몇 년 안 되어서 별다른 정보가 없었다. 아들은 나름대로 알아보고 있었지만 정확한 정보를 얻지 못했다.

어느 날 나는 아는 지인이 운영하는 사진관에 놀러가게 되었다. 그분의 딸도 우리 아들과 같은 학년이었다. 차 한잔 마시며 이런저런 이야기를 하다가 아이들 공부 이야기를 하게 되었다. 나는 우리 아들이 원하는 학교와 학과를 정했는데 정보가 없어서 고민이라고 말했다. 그랬더니 그분이 "우리 아파트에 이번에 그 학과에 입학한 학생이 살고 있어요!"라고 했다. 나는 깜짝 놀라고 너무 반가웠다.

"우리 아들과 한번 만나게 해주세요!"
"좋아요. 아이들을 위한 일인데 제가 한번 알아볼게요."

그분은 흔쾌히 부탁을 들어주었고 나는 아들에게 말했다. 그랬더니 아들이 너무 좋아했다.

몇 주 후 아들과 그 형은 시내의 어느 피자집에서 만났다. 처음 만나는 자리여서 내가 같이 가서 인사를 하고 아들과 형이 이야기할 수 있도록 자리를 비켜주었다. 내가 자리에서 일어나 나오는데 아들이 가방에서 하얀 메모지 몇 장을 꺼내는 것이 보였다. 거기에는 작은 글씨로 빼곡하게 그 형에게 물어볼 질문사항들이 적혀 있었다. 나는 갑자기 마음이 울컥했다. 아이의 간절한 소망이 그 메모지에 적혀 있는 것 같아서였다. 10년이 넘는 시간이 흘렀지만 나는 아직도 그 메모지가 눈에 선하다. 자기의 꿈과 목표를 이루려는 열정이 그 메모지에 담겨 있었기 때문이다.

아들은 그 형에게서 공부 방법과 성적 관리법, 시간 관리 방법과 건강 관리법까지 조언을 받았다. 멘토인 형과 자주 연락하며 고3, 1년을 잘 준비해서 자기가 원하는 학과에 합격했다. 그리고 수능 점수가 높게 나와 4년 국가 장학금을 받으며 대학에 다녔다. 아들은 대학교 1학년 때 멘토로 지원해서 다른 아이들에게 도움을 주기도 했다. 이렇게 선한 영향력은 돌고 돌아서 세상의 작은 빛으로 자리를 잡는다.

멘토는 책을 통해서도 찾을 수 있다. 아이가 발견한 꿈을 이룬 위인과 성공자들도 멘토가 된다. 위인과 성공자들의 삶과 경험을 얻으려면 책을 읽어야 한다. 책을 읽으면서 자신이 본받고자 하는 인물을 연구하고 그들의 삶을 따라가면 꿈을 이루는 지름길을 찾을 수 있다.

요즘은 페이스북과 SNS의 발달로 이 세상 누구와도 연결될 수 있는 조건이 마련된다. 인터넷을 이용한 사이버 공간에서도 얼마든지 멘토를 찾을 수 있는 세상이 되었다. 멘토는 대부분 자신의 분야에서 크게 성공을 거둔 경험이 있는 사람이다. 그들은 다른 사람을 도와주려면 어떻게 해야 하는지 잘 알고 있다.

그러나 멘토는 아무나 도우려 하지 않는다. 오랜 시간 자기의 꿈을 향한 열정에 시간과 노력을 아끼지 않은 사람들을 돕고자 한다. 그래서 멘토를 찾기 전에 자신의 열정과 노력을 보여줄 수 있는 자료를 준비하는 것이 좋다. 아이가 가진 꿈과 목표를 간단하고 설득력 있게 말할 수 있어야 한다.

'공신닷컴'은 학생들에게 멘토를 연결해주고 꿈을 이룰 수 있게 도와주는 사회적 기업이다. 이 사회적기업의 CEO 이름이 "세상의 모든 학생에게 멘토 한 명씩 만들어주겠다는 꿈으로 세상을 바꾸는 바보가 되고 싶어요."라고 말한 강성태다. 강성태는 시골에서 서울로 전학 와서 불량학생들의 괴롭힘을 벗어나고자 열심히 공부했다. 그는 죽기 살기로 열심히 공부해서 놀라운 성적을 보였다. 그렇게 열심히 공부한 덕분에 그는 명문 고등학교에 입학했다. 그러나 명문 고등학교에 입학한 후 자신보다 월등히 공부를 잘하는 친구들이 많아 열등감에 빠졌다. 그는 힘든 시기를 도와줄 형이 있었으면 좋겠다고 생각했다. 마음을 가다듬고 다시 공부를 시작한 그는 우등생 친구들의 공부법을 빠짐없이 노트에 기록했다.

시행착오를 거쳐 요령을 터득한 강성태는 고득점 수능 점수를 받고 서울대에 입학한다. 그는 해병대를 제대하고 저소득층 어린이들 가르치면서 희망을 잃은 아이들을 위해 무언가 하고 싶었다. 그러나 무엇을 어떻게 할지 몰랐던 그는 어느 날 잠결에 스쳐간 단어를 적었는데 그것이 '공신' 이었다.

공신은 방송을 통해 '공부의 신'이라고 알려졌지만, 원래는 '공부를 신나게'의 줄임말이다. 그는 공부하는 법을 몰라 힘들어하는 학생들에게 온라인 동영상으로 공부법을 알려주자고 계획했다. 그것을 친동생 강성영과 함께 시작했고 인맥을 동원해 20명의 공신 멘토를 모은 뒤 동영상을 만들었다. 이 동영상은 입소문이 나기 시작하면서 사이트가 접속 폭주로 열리지 않기도 했다. 사이트가 커지자 사교육업체에서 10억을 주는 조건으로 상표와 사이트를 사고 싶어 했다. 그러나 그는 자신의 꿈을 팔지 않았다.

많은 사교육 업체의 제의와 여당 비례대표 국회의원의 추천 제안도 거절하며 공신을 사회적기업으로 만들었다. 그는 작은 이윤을 추구하면서 본연의 역할을 충실히 하는 기업을 운영하고 있다. 그가 공신닷컴을 운영하면서 가장 보람되게 느끼는 순간은 공신의 정신이 점차 사회에 퍼져나가는 것을 느낄 때다. 초창기의 동영상으로 공부한 학생들이 명문대를 진학한 다음 다른 학생들에게 멘토가 되며 리틀 공신이 되고 있다. 이런 현상은 한국을 넘어 인도네시아까지 확대되었다고 한다. 희망과 꿈으로 세상을 바꿔주는 사람들을 보면 희망의 전염성이 얼마나 강한지 알 수 있다.

부모는 아이가 흥미를 느끼고 호기심과 열정을 보인다면 주의 깊게 살펴보아야 한다. 그리고 흥미롭게 생각하는 분야에 대한 열정을 키워나갈 수 있도록 도와야 한다. 아이보다 더 잘 아는 사람과 시간을 보낼 수 있게 해주고 전문적인 지식이나 경험을 배울 수 있는 멘토를 찾아주어야 한다. 멘토를 만나고 배움을 얻고 난 뒤 가장 중요한 게 있다. 그가 해준 조언과 설명들이 헛되지 않게 해야 한다. 헤어지는 바로 그 순간부터 가르침을 실천하는 것이다. 생각만 하는 것은 아무 의미가 없다. 지금 당장 하지 않는다면 영원히 못 할 것이다. 4차 산업혁명 시대를 정확히 이해하고 새로운 교육관으로 자녀에게 꿈의 멘토를 만들어주자.

어린이를 위한 게임 유튜버, 도티(나희선)

도티는 초등학교 때까지 특별한 꿈은 없고 막연히 '훌륭한 사람'이 되고 싶다고 생각했다. 어릴 때 위인전을 많이 봐 위인전에 나올 만한 사람이 되고 싶었다고 한다. 도티는 책을 즐겨 읽었는데 앉은 자리에서 5~6권은 읽었다. 그가 가장 존경하는 사람은 세종대왕이다. 학교 공부는 중학교 때 반에서 3~4등 정도 했고 고등학교 때는 전교 1등을 거의 놓치지 않았다. 도티 하면 역시 게임이다. 국내 게이밍 채널 최초로 유튜브 조회수 20억 건을 돌파할 정도(2018년 7월)로 독보적인 게임 유튜버다. 애초에 게임을 잘하지 못했다면 게임 채널도 크게 성공할 수 없었을 것이다. 그는 '마인크래프트'만큼은 부모님들이 이해해줬으면 한다고 했다.

이 게임은 디지털 레고 같은 게임이라 창의성을 발현할 수 있다. 그는 이 게임은 교육적이니까, 무조건 못하게 하지 말라고 한다.

그는 '겜돌이'라 게임을 정말 많이 했다. 대신 숙제를 안 해놓고 하면 마음이 편치 않아서 숙제와 공부는 꼭 해놓고 했다. 어떤 게임을 하는지가 중요하니 게임을 못 하게 무조건 말리지 말고 부모님과 함께 좋은 게임을 찾아보는 것이 좋다고 조언한다.

게임을 잘하고 좋아한다고 해서 저절로 최고의 게임 크리에이터가 된 게 아니었다. 엄청난 노력을 했다. 2013년 방송사 PD가 되고 싶어, 자기소개서에 한 줄 쓰기 위해 유튜브 채널을 만든 뒤 5년 동안 1년 365일 단 하루도 쉬지 않고 매일 콘텐츠를 업로드했다. 그렇게 쌓인 콘텐츠가 현재 3,000개가 넘는다.

"부모님 반대는 없었다. 친구들이 걱정을 많이 했다."

- 3 장 -

배움을 즐기는 아이로 자라게 하라

- 1 -

배움을 즐기는 아이로 자라게 하라

"배우고자 하는 열정이 있으면 어떤 어려움도
이겨낼 힘이 생기고 그 힘은 성공을 이루게 한다."

무언가를 즐긴다는 것은 영혼이 자유롭다는 것을 의미한다. 영혼이 자유로우면 세상의 모든 것이 호기심으로 다가온다. 호기심은 궁금증을 불러일으키게 한다. 이 궁금증을 해결하기 위하여 배움이 시작된다. 그러므로 배움은 즐기는 것이다.

아이들은 엄마의 배 속에서부터 호기심을 가지고 태어난다. 세상 모든 엄마는 태동을 느끼며 아이와 교감한다. 엄마의 배 속에서 꼼지락꼼지락 움직이며 자신을 알리는 아이의 존재가 신기하기만 하다. 때로는 불쑥 발길질에 깜짝 놀라며 생명의 신비로움을 느낀다. 이렇게 신비롭게 태어난 아이에게 세상은 즐겁게 배우는 놀이터가 된다. 아이는 호기심으로 가득 차서 세상을 탐색하게 되고 좀 더 많은 것을 알고자 상상의 나래를 편다. 아이는 매일 신기하고 새로운 것을 하나씩 발견해간다. 그리고 자신이 발견한 것에 재미를 들이며 성장한다.

"이모! 얼른 가요. 빨리 빨리 빨리!!"

아침 10시가 될 무렵이면 아이가 숨넘어가게 나를 재촉한다. 아이가 재촉하는 이유는 레고 방에 가기 위해서다. 집 근처에 있는 레고 방은 아침 10시에 문을 연다. 아이는 레고 조립을 너무 좋아한다. 방학이 되면 거의 매일 레고 방에 가서 온종일을 지낸다. 하루에 5~6시간을 레고 조립을 하다가 장난감 놀이도 하다가 다시 레고 조립을 한다.

점심이나 간식도 거기서 해결한다. 아이는 지치지도 않고 지루하게 생각하지도 않는다. 레고 방은 아이의 호기심 천국이다. 아이는 처음에 설명서를 보고 레고 조립을 하더니 나중에는 자기만의 생각으로 조립을 하며 새로운 창작물을 만든다. 새로운 것을 만들려면 상상하게 되고 상상하는 것을 직접 만드는 과정은 아이에게 즐거움과 뿌듯함을 안겨준다.

어떤 때는 일이 생겨서 아이가 원하는 것을 완성하지 못하고 집에 오는 경우가 생긴다. 그런 날은 아이가 자다가 새벽쯤에 깨어 떼를 부린다. 자신의 욕구가 충족되지 못했기 때문이다. 그러면, 다음 날 레고 방에 가서 어제 완성하지 못한 창작물을 다시 만든다. 그리고 그 결과물에서 만족감을 얻는다. 아이들은 자기가 좋아하는 것을 충분히 경험해야 행복하다. 그 행복은 세상의 배움터에서 자유롭게 즐기는 아이로 자라게 한다.

아이가 배움을 즐기기 위해서는 부모님의 도움이 있어야 한다. 아이의 호기심을 발전시키고 사고를 유연하게 만들기 위해서다. 호기심과 사고를 유연하게 하려면 다양한 경험과 세상을 바라보는 다른 시각이 필요하다. 아이가 마음 놓고 다양한 걸 찾아낼 수 있게 해주어야 한다. 아이는 많은 것을 경험할수록 배움을 즐거움으로 인식하기 때문이다. 즐거운 배움의 경험이 거듭되면 아이는 자존감이 높아지고 일상의 모든 것을 긍정적으로 보게 된다. 그러면 아이는 자신이 하고자 하는 일에 대담함을 보이고 열정을 끌어내게 된다.

그리하여 간혹 실수나 실패를 하더라도 쉽게 포기하지 않고 문제 해결을 위해 깊이 생각하는 능력이 생긴다. 이런 능력은 아이의 공부와도 연결된다. 일단, 배움의 즐거움을 알게 되면 공부가 재미있어진다. 공부가 재미있으면 열중하게 되고 그것은 습관이 된다. 공부 습관을 들이면 사교육 없이도 얼마든지 원하는 성과를 낼 수 있다.

나는 애니메이션 영화를 좋아한다. 내가 돌보는 아이가 애니메이션 영화를 좋아해서 영화가 개봉되는 날짜에 미리 예매해서 보러 간다. 그래서 나도 자연스레 애니메이션 영화를 좋아하게 되었다.

작년 1월에 본 〈미래의 미라이〉라는 애니메이션 영화의 한 장면이 생각난다. 영화 주인공은 '쿤'이라는 5살 남자아이이다. 〈미래의 미라이〉는 여동생 미라이가 태어나면서 겪게 되는 쿤의 갈등을 그린 영화다. 이 영화에서 현재의 가족은, 과거의 많은 순간이 모여서 이루어졌다는 것을 말해준다. 내가 인상 깊게 본 장면은 쿤이 자전거 타기에 도전하는 장면이다.

어느 날 쿤은 아빠와 미라이와 함께 공원에 가서 자전거를 배우려 했다. 쿤은 보조 바퀴가 달린 자전거를 타려 했으나 형들이 두발자전거를 타는 모습을 보고 아빠에게 보조 바퀴를 떼어달라고 했다. 하지만 두발자전거는 마음처럼 잘 타지지 않았다. 아빠도 별다른 요령을 가르쳐주지 않는다. 게다가 미라이가 울자 달려가는 아빠를 보며 쿤은 심한 상실감을 느낀다.

쿤은 환상 속에서 증조할아버지를 만나 말을 타고, 오토바이를 타며 두려움을 떨치는 법을 배운다. 현실로 돌아온 쿤은 다시 두발자전거 타기 연습을 한다. 넘어지고, 넘어지고, 계속 넘어지면서도 끝까지 포기하지 않고 자전거 타는 법을 터득한 쿤의 끈기 있는 모습에 가슴이 벅찼다. 새로운 무언가를 완벽하게 배우기까지는 수많은 도전과 실패가 반복된다. 실패해도 주저앉지 않고 다시 일어나는 것이 성공으로 가는 길이라는 것을 말해주는 장면이었다. 이 영화에서 쿤은 배움을 즐기는 과정을 실감 나게 보여준다. 배우고자 하는 열정이 있으면 어떤 어려움도 이겨낼 힘이 생기고 그 힘은 성공을 이루게 한다. 일단 성공에 이르면 그것을 즐기는 것은 행복이 된다.

무엇을 배우든지, 처음에는 잘 모르기 때문에 어려움을 겪는다. 악기나 인라인스케이트를 배우든지, 발레나 수영을 배우든지 꾸준한 연습이 있어야 잘할 수 있다. 어느 정도 기본기가 갖추어지고 잘할 수 있게 되면 그때부터는 즐길 수 있다.

아이가 무엇을 배우고자 할 때 함께하고 싶은 사람이 바로 부모이다. 부모는 아이가 도움이 필요할 때 함께해주어야 한다. 그리고 최대한 많은 시간을 아이와 함께 보내야 한다. 아이들은 게임을 할 때나 좋아하는 TV 프로그램을 볼 때 부모님과 함께 즐기기를 원한다. 야구나 축구를 할 때도, 레고나 조립 블록을 만들 때도 부모와 함께하면 더 재미있고 더 열심히 하게 된다. 배우고 즐기는 에너지가 상승하기 때문이다. 아이들은 몸씨름을 하며 노는 것을 좋아한다. 몸으로 부대끼고 웃고 떠들다 보면 서로 이해하고 공감하는 법을 배우게 된다. 이것은 아이가 어른이 되어 다른 사람들과의 관계를 원만하게 해나가는 원동력이 되기도 한다.

모든 것에는 때가 있게 마련이고 아이들은 빠르게 성장한다. 인생에서 부모가 아이들과 함께할 시간은 사실 그리 많지 않다. 아이가 내 품에 있을 때, 아이가 함께 해주기를 원할 때 부모는 시간을 만들어서라도 아이들 곁에 있어주어야 한다. 부모는 아이와 함께 놀아주어야 한다는 것을 안다. 그러나 아는 것과 실천은 다르다.

나는 『곰돌이 푸』의 작가 A. 밀른과 그의 아들 크리스토퍼 로빈에 대한 이야기를 듣고 마음이 아팠다. 크리스토퍼 로빈이 어렸을 시절에 A. 밀른은 아내와 잠시 헤어져 살아야 했다. A. 밀른은 아들과 인형 놀이를 하면서 많은 시간을 보내며 점점 가까워졌다. 자연에서 아들과 인형으로 함께 놀며 행복한 시간을 보내게 된다. A. 밀른은 로빈과 인형과의 이야기를 책으로 만들었다. 그 책이 『곰돌이 푸』다. 책은 출간되자 어마어마한 인기를 얻었다. 그로 인해 A. 밀른과 그의 아내, 아들 로빈까지 엄청난 세간의 관심을 받게 되었다. 그중 로빈에게 쏠리는 관심은 지나칠 만큼 커서 부담스럽기까지 했다. 인기가 상승하자 A. 밀른 부부는 자신들의 인기와 관심을 만끽했지만 로빈는 홀로 외로움을 느껴야 했다. 생일에도 부모와 함께 지낼 수 없었다. 부모님은 돈으로 아이에게 필요한 부분들을 해결해주었다. 로빈은 부모의 보살핌을 받지 못하자 애정 결핍과 같은 상태로 불행의 늪에 빠진다. 로빈이 가장 사랑하는 곰돌이 인형이 자신을 가장 힘들게 하는 인형이 되고 말았다.

어린 시절에 부모와 함께하는 추억은 성장 과정에 많은 영향으로 남게 된다. 그러므로 부모는 아이와 함께 놀아줄 수 있는 시기를 놓쳐서는 안 된다. 아이와 함께 놀아줄 시간은 그리 길지 않다. 부모가 함께 놀아주고 대화하고 같은 취미를 갖는 모든 순간이 아이에게는 세상에 대한 도전이며 배움의 즐거움을 알아가는 과정이 된다. 아이가 부모와 함께 배움을 즐겁게 알아가는 좋은 방법중 하나는 책을 읽는 것과 글을 쓰는 것이다. 책을 많이 읽으면 다양한 세계를 경험하게 되고 그것을 글로 써서 표현하면 깊이 있는 사고를 하게 된다. 따라서 배움을 즐기는 아이로 키우려면 독서와 글쓰기로 기본을 다져주는 것이 필요하다.

- 2 -

다양한 경험을 선물하라

"아이에게 다양한 경험을 선물하면
아이는 삶을 지혜롭고 행복하게 이루어갈 것이다."

"경험을 쌓아가며 알게 되는 원리는 학자들이 머리를 맞대고 만들어 내는 원리보다 100배 낫다."

– 리차드 스토스

"이건 돈 주고도 살 수 없는 경험이다."라는 말을 한 번쯤은 들어보았을 것이다. 그만큼 경험은 소중한 가치를 지닌다.

아이가 어려서부터 다양한 경험을 많이 하게 되면 어떠한 상황에서도 두려움을 갖지 않는다. 오히려 자신감 있고 개방적인 태도를 보이게 된다. 아이의 자신감은 배움 그 자체를 즐기고, 실패를 두려워하지 않게 한다. 그리고 새로운 것에 도전하고, 스스로 문제를 해결해내는 힘을 기르게 된다.

다양한 경험은 어떤 문제가 생겼을 때 그 문제를 여러 가지 방향으로 해결할 방법을 터득하게 해준다. 그래서 부모는 아이들이 어린 시절에 다양한 경험을 할 수 있도록 여건을 마련해주어야 한다.

내가 어린 시절 부모님은 우리 3남매를 할머니께 맡기시고 아버지의 직장 때문에 부산에서 사셨다. 우리는 방학만 되면 기차를 타고 부산으로 갔다. 부모님이 사시던 곳은 시골의 바닷가 근처였다. 하얀 백사장이 펼쳐진 바닷가 해수욕장은 감탄을 자아내게 만드는 우리들의 놀이터였다. 여름에는 그곳 동네 아이들과 어울려 온종일 바닷가에서 노는 재미에 시간 가는 줄 모르고 지냈다. 겨울에는 수영은 못했지만 물 빠진 바닷가 바위에 달라붙은 홍합과 미역을 따고 조개를 줍는 재미로 지냈다.

바닷가에는 육지에서 보지 못하는 신기한 것이 많다. 썰물과 밀물이 있어서 썰물 때는 바닥까지 보이던 큰 바위가 밀물이 되면 자취를 감추는 모습은 볼 때마다 신기하다. 그리고 미역은 바위에 붙어 있는 것을 채취해 파는 것으로 생각했는데 미역을 농사짓는다는 것도 신기했다.

바다 멀리 하얗고 동그란 부표가 줄지어 있어서 궁금했는데 그곳이 미역밭이었다. 바다는 땅이 아니라서 주인이 없는 줄 알았다. 그런데 바다는 나라가 관리하는 공간이었다. 미역밭을 하려면 나라에 1년에 얼마의 돈을 내야 한다. 이런 것 외에도 바닷가에는 신기한 것이 많다.

어린 시절 바닷가에서 살던 경험은 인생을 살아오는 동안 가장 빛나는 시간으로 내 안에 자리하고 있다. 그리고 그 시간은 내가 홍합을 요리할 때, 미역국을 먹을 때, 조개를 살 때 항상 내 앞에 나타나서 나를 미소 짓게 만든다. 홍합을 따려고 애쓰던 추억이 생각나고, 미역은 바다에서 농사짓는다는 것을 알게 되고, 조개를 잡으려고 옷이 다 젖는 것도 모르고 집중하던 기억이 있기 때문이다.

나는 어른이 되어서도 어린 시절의 바닷가를 자주 갔다. 마음이 복잡할 때나 힘든 일이 생길 때면 제일 먼저 떠오르는 장소가 바닷가다. 그곳에 가면 마음이 편안해지고 복잡하고 힘들었던 문제들이 쉽게 풀리는 경험을 하게 된다. 어린 시절 추억의 장소가 어른이 되어 삶의 해답을 찾고 위로를 받는 장소가 되었다. 이처럼 아이들이 다양한 경험을 하게 되면 인생을 살아갈 때 많은 도움과 지혜를 얻게 된다.

학교와 집, 학원을 오가는 틀에 박힌 생활 속에서 아이들은 자유로운 경험을 하기가 쉽지 않다. 때로는 아이에게 일상에서 벗어나 다른 경험을 할 수 있게 해주는 것이 좋다. 거창한 방법이 아니더라도 마음만 먹으면 얼마든지 다양한 경험을 하게 해줄 수 있다. 다양한 종류의 책을 읽는다든지, 다양한 나라의 음식을 먹어보는 것도 좋다. 여러 가지의 운동을 해본다든지, 다양한 그림을 배워보는 것도 좋은 방법이다.

그리고 경제적 여유가 된다면 아이와 다른 나라에 여행을 가는 것도 좋다. 낯선 곳으로의 여행은 아이에게 신기하고 재미있는 감각을 키워줄 것이다. 다른 나라의 문화와 다양한 행사, 새로운 먹거리를 체험하게 하는 것은 아이의 시야를 넓혀주고 큰 포부를 갖게 해주는 기회가 될 것이다. 배움이 많고 경험이 풍부하면 아이의 상상력과 창의력이 계발된다.

내가 잠시 돌보아주던 5살 남자아이가 있었다. 5살 아이들은 모두 천재적인 감각을 지니고 있다. 그 아이도 무척 영리하고 마음결이 부드러운 아이였다. 그 아이의 부모는 경제적으로 유복한 집안에서 자랐고 최고 학력을 갖춘 엘리트였다. 부모는 아이에 대한 사랑이 넘치는 분들이었다. 내가 보기에는 그랬다. 어느 날 아이와 유치원 가는데 운전기사 아저씨가 동요 CD를 틀어주셨다. 아이와 나는 신나게 동요를 따라 불렀다. 동요가 끝나고 아이가 노래를 더 하고 싶어 했다. 우리는 서로 돌아가며 생각나는 대로 노래를 불렀다. 셋이서 큰 소리로 노래를 불렀다.

"곰 세 마리가 한 집에 있어~."

"울퉁불퉁 멋진 몸매에 빨간 옷을 입고~."

"떴다 떴다 비행기 날아라 날아라~."

교통 체증으로 인해 지루했을 길을 신나게 노래를 부르니 하나도 지루하지 않았다. 그러다 내가 노래를 선택할 차례가 되었다. "태극기가 바람에 펄럭입니다~." 내가 노래를 선창했고 아저씨는 따라 부르는데 아이의 목소리가 들리지 않았다. 노래를 부르다 이상해서 아이를 쳐다봤더니 아이가 심각한 표정으로 창밖을 내다보고 있었다. 눈에는 슬픔이 가득 담겨 있었다. 나는 긴장했다. 혹시 멀미하는 것이 아닌지 걱정되었다.

"왜 그러니? 어디 아파?"

"아니요."

"그런데 왜 슬퍼?"

"아빠가…"

"아빠가 왜?"

"태극기로 나를 혼냈어!"

"…"

나는 아무 말을 할 수 없어서 그냥 아이를 꼭 안아주었다. 그날 저녁에 아이 아빠에게 아침에 있었던 일을 이야기했다. 아이 아빠는 아이에게 진심으로 사과했다. 태극기만 보면 슬픈 기억이 떠오르는 아이는 아빠의 사과를 어떻게 받아들였을까?

아이는 자라면서 다양한 일을 겪게 된다. 가끔 어린아이와 같은 순수함은 잃어버릴 수도 있지만, 다양한 경험과 추억이 원래의 순수함으로 아이를 이끌어간다. 누구나 살면서 역경을 겪을 때 자신도 모르는 능력이 발휘되는 경험을 한 번쯤 해보았을 것이다. 이런 고난을 헤쳐 나갈 때가 비로소 자신의 경험을 통한 지혜와 역량이 드러나는 기회다. 또한 이런 문제 해결을 하면서 경험이 쌓이고 다음엔 좀 더 잘 해낼 수 있는 자신감이 생긴다. 좋은 경험이든지, 좋지 않은 경험이든지 경험은 살아가는 과정에 많은 영향을 미치게 된다. 부모가 아이에게 다양한 경험을 선물하면 아이는 삶을 지혜롭고 행복하게 이루어갈 것이다.

"경험을 교훈으로 삼을 때, 경험한 것으로 모든 걸 단정 짓지 않도록 조심해야 한다. 아니면 뜨거운 난로 뚜껑에 앉아버린 고양이 꼴이 되어버린다. 고양이는 다시 뜨거운 난로에 앉지 않을 뿐 아니라 식은 뚜껑에도 앉으려고 하지 않을 것이다. 경험의 '내용'에만 집중하여 그것을 교훈으로 삼는 지혜가 필요하다."

— 마크 트웨인

- 3 -

흥미로운 질문으로 아이의 배움을 자극하라

"세상이 얼마나 신비로운지 알게 하려면
부모가 아이에게 많은 질문을 해야 한다."

아이는 말을 하기 시작하면서 끝없는 질문 공세로 부모님을 지치게 하는 경우가 있다. 부모들은 아이의 질문을 수준에 맞게 설명하며 대답해주느라 곤혹스러웠던 경험이 있을 것이다. 그만큼 아이에게 세상은 끝없는 호기심으로 가득하다는 뜻이다. 아이에게 세상이 얼마나 신비로운지 알게 하려면 부모가 아이에게 많은 질문을 해야 한다.

흥미로운 질문은 아이를 탐구하게 하며, 아이는 질문에 대한 답을 얻고자 다양한 방면으로 공부하려는 의욕이 생기게 된다. 아이들에게 가장 흥미로운 질문을 하려면 스무고개처럼 끝없이 묻고 대답하는 질문이 좋다. 계속되는 질문과 대답을 알아내는 과정에서 아이들은 구체적인 정보를 얻고 깊이 생각하는 힘을 기른다.

흥미로운 질문은 아이의 두뇌를 자극한다. 질문을 받은 뇌는 답을 찾으려고 노력하기 시작한다. 이때 아이의 뇌 활동을 위해서 어떤 질문을 하느냐가 중요하다. 쉽게 정답을 대답해야 하는 질문은 두뇌 활동에 도움이 안 된다. 부모는 아이에게 질문할 때 아이의 흥미를 끌어내는 것에 신경을 써야 한다.

부모는 아이가 이상한 답, 엉뚱한 답을 말하더라도 쓸데없는 답이라고 무시하면 안 된다. 그 대답을 재미있다고 동감해주고, 또 다른 방향의 답을 유도해 낼 수 있어야 한다. 그리고 반대로 아이가 질문을 던질 기회를 주어야 한다. 아이가 스스로 "어떻게 해서 이런 일이 생길까?", "이런 일은 어떻게 해결하지?"와 같은 질문을 하도록 유도하자. 아이가 어려워하면 부모가 함께 방법을 찾고 해결되는 과정을 따라 다른 질문을 계속하도록 한다.

빨간 머리 앤은 세상을 흥미롭게 바라보며 배움을 즐기는 아이이다. 빨간 머리 앤은 태어나자마자 부모님이 돌아가셔서 고아가 된다. 고아가 된 앤은 이곳저곳 돌아다니다 결국 보육원에 가게 된다. 앤은 보육원에서 초록 지붕 집으로 입양을 오게 되어 커스버트 남매와 함께 살게 된다.

앤은 초록 지붕 집에서 한 번도 가지지 못했던 자기 방을 갖게 되어 행복감을 느끼게 된다. 지붕 밑 썰렁한 분위기의 다락방이지만 자신의 상상력을 이용하여 고급스러운 가구, 화려한 장식품, 최신 유행하는 옷으로 채우며 즐거워한다. 앤은 아름다운 풍경과 자연에 멋진 이름을 지어주고 싶어 했다. 세상은 언제나 정말 아름다운 곳이라고 생각했다.

앤은 자신의 눈으로 본 아름다운 것들에 이름을 선물한다.

"가로수 길은 기쁨의 하얀 길."

"사과 향 나는 제라늄은 보니."

"커다란 흰 벚나무는 눈의 여왕."

앤이 묘사한 자연의 아름은 참 아름다웠고, 어떻게 하나하나 그렇게 알맞은 이름을 붙이는지 감탄스러웠다. 앤은 자연에서 흥미로운 배움을 즐기며 자기만의 행복한 어린 시절을 보낸다.

우리는 매일 아이들에게 질문을 던진다. 그러나 깊이 있는 질문보다는 단순한 질문이 더 많다. 부모는 아이가 자신을 생각해볼 수 있는 질문을 던져야 한다.

'나는 누구지?'

'내 생각은 어떤 것이지?'

'나는 이것을 왜 원하는 걸까?'

'나는 이것을 왜 하기 싫어할까?'

이렇게 아이가 계속 '나'를 생각할 수 있는 조건을 만들어주어야 할 것이다. 아이가 여러 상황에서 자신에게 어떤 의미와 가치가 있는지 생각하게 하는 깊이 있는 질문이 필요하다. 깊이 있는 질문을 통해 아이는 꿈과 목표를 만들어갈 것이다. 꿈과 목표가 있는 아이는 그것을 어떻게 이뤄갈지 안다. 깊이 있는 질문은 아이를 성장하게 한다. 부모는 대부분 무엇을 어떻게 했나를 생각하며 산다. 빠르게 변하는 세상에 집중하다 보니 어디로 가는지 모르고 달려간다. 아이들에게도 그런 삶을 요구한다. 부모가 아이에게 가장 많이 하는 질문은 대부분 무엇을 했는지, 어떻게 했는지에 대한 단순한 것이다.

"학원 다녀왔어?"

"숙제 다 했니?"

"친구와 사이좋게 놀았어?"

부모는 아이에게 단순한 물음을 하고, 아이에게는 깊이 있는 대답을 원하는 경우가 많다. 그러면서 "우리 아이는 말을 잘 안 해요."라고 한다. 아이가 말을 잘 안 하는 것이 아니라 질문이 정해져 있어서 더 이상의 말이 필요하지 않은 것이다.

"너는 왜 학원에 다녀야 한다고 생각하니?"
"숙제를 왜 시간 안에 마쳐야 한다고 생각하지?"
"왜 친구들과 사이좋게 놀아야 한다고 생각해?"

위와 같은 질문을 해야 깊이 있는 대답이 나오지 않을까? 아이에게 '네' 또는 '아니오'라는 단답형 대답이 아니라 그 이상의 대답을 할 수 있는 상황을 만들어야 한다. 아이가 한 대답에 대하여 다시 묻고 왜 그런 대답을 했는지 설명하게 해야 한다. 그리고 아이가 한 생각들을 진심으로 즐기게 하라.

승호는 차분하고 소심한 면을 가진 아이다. 아이는 밖에 나가는 것을 좋아하지 않는다. 집에서 책을 읽거나 게임을 하며 조용하게 지낸다. 그래서 친한 친구도 없다. 아이가 너무 집에서만 지내니까 승호 엄마는 나에게 어떻게 했으면 좋은지 조언을 구했다.

나는 아동심리 상담사 자격증을 소유하고 있다. 그래서 나를 아는 엄마들은 아이를 키우며 어려운 문제가 생기면 내게 조언을 듣고 싶어 한다. 나는 승호 엄마의 부탁을 받고 주말마다 시간을 내서 아이를 만났다. 나는 친한 이모라서 아이가 나를 편하게 생각한다. 나는 아이와 함께 놀며 아이의 속마음을 알기 위해 많은 질문과 대화로 아이의 내면을 들여다보았다.

승호네는 아빠가 안 계시다. 승호 엄마는 혼자서 아이를 키우느라 사는 것이 바빠서 평소에 아이와 놀아주는 시간이 부족했다. 주말이면 밀린 집안일을 하느라 아이에게 신경을 잘 쓰지 못했다. 승호 엄마는 아이가 말썽 안 부리고 착하게 자라줘서 고맙다고만 생각했다. 그런데 승호는 아빠도 안 계시고 엄마가 너무 힘들어하니까, 자기가 조용하게 있어주는 것이 엄마를 도와주는 방법이라고 생각했다. 그것이 습관이 되니 밖에 나가는 것보다 집에 있는 것이 익숙하게 된 것이었다.

아이의 마음을 알게 된 승호 엄마는 자신이 먼저 변하기로 했다. 평일에 집안일 해주시는 분의 도움을 받기로 했다. 집안일에서 해방되자 주말마다 아이가 가고 싶어 했던 놀이공원이며 동물원이며 바닷가와 산을 신나게 찾아다녔다. 아이는 주말에 엄마와의 충분한 시간을 즐기며 변화되기 시작했다. 1년 정도 시간이 흐른 지금, 성호는 세상의 모든 것이 흥미로워지고, 자신감에 넘치는 아이가 되었다. 학교 공부도 잘하고 친구들과도 사이좋게 잘 지내는 아이가 되었다. 성호 엄마는 앞으로 2년만 더 아이를 위한 시간에 집중하기로 했단다.

아이의 흥미를 끌어내는 방법으로 책 읽기와 글쓰기가 있다. 책에는 아이가 원하는 다양한 종류의 질문들이 많다. 책을 많이 읽으면 다양한 종류의 의문을 가지게 되고 그 의문을 해결하려면 스스로 질문해야 한다. 아이는 그 질문을 해결하고자 더 많은 책을 읽게 되고 책 안에서 발견한 해답을 글로 표현하게 된다. 이러한 과정은 아이에게 흥미로운 경험으로 배움을 즐기는 기회를 제공한다.

대부분 아이를 키우는 일은 쉽지 않다고 말한다. 그러나 알고 보면 그렇게 어렵기만 한 것도 아니다. 부모가 아이에게 무언가를 바라고 억지로 가르치려 하면 어렵다. 그러나 아이를 키우는 일 가운데 흥미로운 질문으로 가득하고 아이와 부모와 서로 공감대를 이루면 쉬워진다. 부모는 아이의 세상에 관심을 가지고 흥미를 느낄 수 있는 질문을 던져주면, 아이는 그 질문에 답하기 위하여 다양한 방법을 동원해서 공부하게 된다. 이렇게 배움이 이루어지고 이것이 쌓이면 아이의 삶은 풍요로워지고 행복해진다. 아이가 풍요로운 삶을 산다면 그것은 부모의 육아 성공이기도 하다.

\- 4 -

아이와 책 읽는 즐거움에 빠져보라

"책을 통해 다양한 세계를 만나고
다른 사람들의 경험과 지혜를 간접 체험한다."

엄마는 아이가 태어나기도 전에 아이에게 책을 읽어준다. 그리고 동화책을 구비해서 방 한쪽을 장식한다. 그래야만 아이가 자라면서 저절로 공부도 잘하고 훌륭한 사람으로 자란다고 생각하기 때문이다. 맞다, 책을 많이 읽으면 세상을 바라보는 폭도 넓어지고 자신이 관심을 가지는 분야에 더 깊은 지식을 가질 수 있다. 책에는 상상도 못 할 정도로 많은 보물이 숨겨져 있기 때문이다.

세계적으로 유명한 위인과 크게 성공한 사람들은 하나같이 책벌레이다. 책을 통해서 배움을 익히고 그 배움을 깊이 있게 탐구하고 연구해서 자신만의 독특한 이론을 만든다. 이렇게 만들어진 이론으로 세상을 밝히고 사람을 돕는 일에 기여한다. 책을 많이 읽으면 위인도 되고 성공자도 되는데 왜 책 읽기를 좋아하는 사람이 많지 않은지 모르겠다.

나는 책을 좋아한다. 삶에서 힘든 시기를 지날 때마다 책이 나를 지켜주고 위로가 되어주었기 때문이다. 그래서 내게 가장 소중한 친구는 책이다. 내가 두 아이의 엄마로 아이들을 키울 때도 책이 우리 아이들과 함께 있어주었다. 나는 아이들이 갓난아기 때부터 책 읽는 것을 습관처럼 해왔다. 내가 책 속에 빠져 행복한 시간을 즐기듯이 나의 아이들에게도 그 행복감을 느끼게 해주고 싶었기 때문이다.

내가 베이비시터로 아이를 키울 때도 내가 가장 잘하는 것이 책을 읽어주는 것이다. 내 아이들을 책으로 키워서 성공했기 때문에, 나는 책의 중요성을 누구보다 잘 안다. 나는 아이들에게 동화책을 읽어줄 때 가장 행복하다. 아이들에게 동화책을 읽어주면서 책의 내용이 아이의 머릿속에 저장되는 모습을 상상한다. 그러면 너무 뿌듯한 기분이 들고 더 많이 읽어주고 싶어진다. 아이가 받아들이기만 한다면 말이다.

베이비시터로 아이들을 돌보게 되면 힘든 부분이 많다. 24시간 내 집이 아닌 다른 집에서 지내야 하기 때문이다. 그렇지만 내가 오랜 시간 베이비시터로 일을 할 수 있었던 것은 아이들을 좋아하기 때문이기도 하지만, 아이를 돌보며 틈나는 시간에 책을 볼 수 있어서다. 아기가 다섯 살 이전에는 낮잠을 자는 시간이 길다. 그 시간은 오롯이 내 시간이 된다. 그 조용한 시간을 이용하여 책을 읽으면 세상 행복하다.

아이가 5살쯤 되면 낮잠 자는 시간은 줄고 유치원에 가거나 키즈카페에 가서 노는 시간이 늘어난다. 아이가 유치원에 가면 끝나는 시간까지 나에게 자유로운 시간이 주어진다. 그럴 때면 대부분 책을 읽는다. 아이가 키즈카페에서 친구들과 놀고 있을 때도 책을 읽고 있으면 기다리는 시간이 지루하지 않다. 이런 재미가 나를 베이비시터로 살아가게 하는 즐거움이 되었다.

아이가 학교에 입학하면 좀 더 자유로운 시간이 주어진다. 아이가 학교 끝나는 시간에 픽업해서 학원을 가기 때문에 학원에서 아이를 기다리는 동안 커피 한잔 마시며 책을 읽을 수 있다. 부모는 아이가 스스로 책을 읽어야 한다고 생각한다. 그래서 아이를 향해 이렇게 말한다.

"오늘은 책 몇 권 읽었니?"
"TV 그만 보고 책 읽어라."
"책을 많이 읽어야 훌륭한 사람이 되는 거야."

그렇게 말하는 부모는 TV나 스마트폰에 눈을 떼지 못하면서 말이다. 아이들은 이런 부모를 보며 무슨 생각을 하겠는가? '엄마 아빠도 책 읽기를 싫어하면서 왜 나만 책을 읽으라고 하지?'라며 책을 읽어야 할 목적이 궁금해질 것이다. 그리고 책 읽으라는 소리가 숙제 빨리하라는 잔소리처럼 들린다.

아이가 책을 제대로 잘 읽게 하고 싶다면 방법은 딱 하나다. 부모가 먼저 책을 읽는 모습을 보이면 된다. 부모와 아이가 함께 책 읽는 시간을 정해서 매일 반복하면 아이는 저절로 책을 읽게 된다. 부모님이 책 읽으라고 말하지 않아도 아이 스스로 책을 읽는 재미를 알게 된다. 아이가 책을 읽지 않아서 걱정이라면 지금 당장 부모님부터 책 읽기를 실천해보자. 그리고 부모님이 책 읽는 모습을 자주 보이면 된다. 아이는 부모가 하는 대로 따라 하기를 좋아하기 때문에 얼마나 깊이 있는 책을 읽느냐보다 얼마나 자주 책을 읽느냐가 중요하다.

우리 아이가 초등학교 고학년일 때 아이 친구 엄마가 아이들 4명을 모아서 독서 논술 공부를 시키려는데 우리 아이도 함께하자고 제안을 해왔다. 그 엄마는 교사였는데 서울에서 대학원 다니는 제자에게 일주일에 한 번씩 아이들 독서 논술 공부를 부탁했다고 한다. 미리 기초를 닦아놓으면 대학 갈 때 도움이 많이 된다고 말했다. 나는 그러자고 했고 아이도 승낙했다. 그 당시 나는 직장을 다니고 있었고 아이는 축구를 하느라 공부에는 별 관심이 없었다.

다른 3명의 아이들은 반에서 상위권 성적을 유지하는 아이들이라서 우리 아이와는 성적 레벨이 달랐다. 나는 아이가 잘 적응할지 조금 걱정이 되었지만 그래도 일단 해보기로 했다. 왜냐하면 아이가 어렸을 때 미리 책 읽기를 통해서 기초를 다져놓았던 것이 정말 효과가 있을까 궁금하기도 했기 때문이다.

아이들 논술 공부 첫날 선생님과 부모의 상담이 있었다. 다른 엄마들 먼저 상담하고 내가 나중에 상담했다. 선생님이 독서 논술의 중요성을 이야기하며 앞으로 아이와 할 공부 방법에 대해서 자세하게 설명하셨다. 나는 선생님께 자세한 사항은 아이에게 직접 말해주시는 것이 좋겠다고 말했다. 나는 교육비만 잘 내도록 하겠다고 말했더니 선생님이 의아한 표정으로 나를 바라보셨다. 다른 엄마들은 많은 것을 물어보는데 나는 아무것도 물어보지 않고 아이에게 미루는 것이 이상했던 모양이었다.

아이는 일주일에 한 번 주말에 논술 공부를 했고 내가 염려하던 것과는 달리 잘 적응을 했다. 선생님도 아이가 숙제도 잘 해오고 글도 잘 쓴다고 말씀하셨다. 아이는 축구를 하느라 멈추었던 공부를 그렇게라도 이어가고 있었다. 아이들이 초등학교 졸업하며 독서 논술 공부를 그만두게 되었다. 그런데 선생님이 우리 아이를 개별적으로 가르치고 싶다고 연락을 해오셨다. 그래서 아이는 선생님과 조금 더 논술 공부를 했다.

내가 아이들을 기르면서 터득한 것 중 하나는 책으로 아이를 키우면 실패하지 않는다는 것이다. 그리고 어린 시절에 책으로 탄탄하게 기초를 다져놓으면 걱정을 하지 않아도 아이 스스로 자신의 삶을 잘 이끌어간다는 것을 알게 되었다. 그리고 살아가면서 어떤 기회가 왔을 때 현명하게 선택하는 지혜를 발휘하게 된다는 것도 알았다.

집을 짓든지, 공부하든지 기초가 탄탄하면 절대 무너지지 않는다. 설사 중간에 흔들림이 있다 하더라도 완전히 무너져 내리지는 않는다. 그러나 기초가 없으면 다시 일어서는 것은 쉽지 않다. 처음부터 다시 기초를 마련해야 해서 2~3배의 노력과 시간이 들어간다. 기초가 탄탄하게 마련되면 실패했던 경험을 바탕으로 쉽게 다시 올라갈 수 있다.

나무를 잘 키우기 위해서는 좋은 땅이 필요하고 영양분 많은 양질의 흙이 필요하다. 골고루 다양한 영양분을 섭취한 나무는 잘 자랄 뿐만 아니라 질 좋은 열매도 맺는다. 아이들도 마찬가지다. 책을 통해서 다양한 세계를 만나고 다른 사람들의 경험과 지혜를 간접 체험한다. 그러면 마음의 공간이 넓어지고 그것이 영양분 되어 아이들에게 좋은 결과를 만들어내는 열매로 나타나게 된다.

아이를 키우는 것이 어렵다고만 생각하지 말자. 시간 날 때마다 조금씩, 일부러 시간을 만들어서라도 조금씩, 아이와 함께 책을 읽으며 시간을 보내자. 매일매일 조금씩 쌓이다 보면 언젠가는 커다란 결실로 돌아오는 것이 책을 읽은 노력의 보상이다. 이렇게 책을 읽었다면 그다음엔 글을 쓰게 하는 것이 좋다. 책 읽기와 글쓰기로 아이를 키우면 어렵지 않게 좋은 부모가 될 수 있다.

나는 부모들이 아이와 함께 책 읽고 글 쓰는 즐거움에 빠져볼 것을 권한다. 아이와 함께 책을 읽고 글을 쓰며 아이의 미래를 상상해보고 그 상상을 통해 아이를 키운다면 성공한 부모가 될 수 있다.

수학 영재, 홍한주

〈영재 발굴단〉의 역대급 수학 천재 홍한주는 초등학교 5학년까지만 해도 그저 놀기를 더 좋아하던 아이였다. 그런데 6학년이 되면서 단 7개월 만에 대학교 수준의 수학까지 공부했다고 한다. 한주는 원래 산수를 싫어했다. 그런데 어느 날, 방정식 미지수 X를 만나면서 대학 수학까지 섭렵한 상황이다.

한주는 무엇인가 꼭 이루어내겠다는 도전 의식을 가지고 자기주도형의 공부를 하는 학생이다. 그리고 밀어붙이지 않는 부모님의 교육 방식이 한주의 도전 의식과 만나 성과를 이룬 것이다. 한주가 수학 공부를 잘할 수 있는 나이까지 부모님이 충분히 기다려주고, 억지로 공부하게 하지 않았기 때문에 지금의 한주가 있는 것이다. 아이에게는 부모의 교육법이 매우 중요하다. 실제로 한주 군은 부모님에게 한 번도 성적으로 혼난 적이 없었다고 한다.

어머니는 "그냥 이렇게 해야 한다는 교육법을 제가 너무 많이 모으면 안 될 것 같았다."라며 아이에게 부담을 주기보다 아이가 좋아하는 것을 하게 해주었다고 말했다. 그리고 "한주에게는 네가 공부를 하든 뭘 하든, 네가 좋아하는 걸 하고 사는 게 제일 좋다고 말해줬다."라고 했다.

- 5 -

목표가 있는 아이는 배움을 멈추지 않는다

"목표가 있으면 어떤 어려움도 이겨내고
목표를 향한 노력과 배움을 아끼지 않는다."

우리는 언제나 중요하다고 생각하는 것을 1~2개씩 마음에 두고 산다. 하지만 중요하다고 생각은 하지만 시간이 없다는 핑계로 이리저리 미루게 된다면 그 일은 사실 중요한 일이 아니다. 우선순위에서 다른 것에 밀려났기 때문이다. 정말 중요하다고 생각되는 일은 목표를 세워야 한다. 지금 하는 일이 바빠서 목표를 설정할 수 없다면 평생 가도 목표는 세울 수 없을 것이다.

아무리 사소한 일이라도 목표를 세우느냐, 안 세우느냐에 따라 성과가 달라진다. 목표를 세우고 나면 정해진 목표뿐만 아니라 지금 하는 일마저도 덩달아 잘해 낼 수 있게 된다. 목표를 정확하게 세우고 나서 돌아보면 평상시에 생각 없이 해오던 일들이 사실은 중요하지 않았음을 알게 되는 경우가 있다.

아이들은 하고 싶어 하는 것이 너무나 많다. 그 많은 것을 생각 없이 하다 보면 좋은 결과를 얻기 어려운 경우가 많다. 그럴 때는 부모가 나서서 아이를 도와주는 것이 좋다. 아이와 함께 대화를 통하여 먼저 하고 싶은 것의 순위를 정하고 정해진 순위에 따라 알맞은 목표를 세울 것을 제안해 본다. 아이가 목표를 세우는 과정이 어렵다고 생각한다면 아주 작은 목표부터 실천해볼 것을 권해보자. 사소한 목표를 시작하다 보면 그것이 모여서 큰 목표를 이루게 되는 것이다.

아이가 성공하기를 원한다면 목표에 집중해야 한다. 목표에 집중하기 위해서는 선택이 필요하다. 선택이란 하나를 제외한 나머지를 버리는 과정이다. 어떤 선택과 목표에 어떻게 집중하느냐에 따라 아이들의 삶이 결정된다. 때로는 시간이 지나면서 집중의 목표물이 바뀔 수는 있다. 하지만 처음부터 2가지 이상을 선택해서는 집중할 수 없다.

세계적인 야구선수 류현진이 야구를 향한 목표를 끊임없는 노력과 열정으로 이루어낸 이야기를 하려고 한다. 어린 시절 류현진은 아빠와 야구연습을 하는 것이 가장 큰 즐거움이었다고 한다. 아빠와 야구연습을 하고 함께 경기를 보러 가는 것이 그가 꿈을 가지게 되는 계기가 되었다. 점점 야구에 대해 흥미를 느끼면서 실력이 향상되는 류현진의 재능은 아버지를 놀라게 했다. 그의 실력이 날로 늘어나자 초등학교 야구부 감독의 눈에 띄어 스카우트를 제의받았다. 다니던 학교에 야구부가 없어 전학 가게 되었지만, 친구들과 헤어지는 아쉬움보다 야구를 하고 싶다는 열정이 더 컸다. 자신의 꿈과 목표가 확실했기 때문에 야구를 선택하게 된 것이다. 류현진은 창영 초등학교로 전학했다.

아빠와 재미있는 놀이로 시작한 야구가 류현진의 가슴에 소중한 꿈으로 새겨졌고 훌륭한 선수가 되려는 목표를 세우는 계기가 된 것이다. 류현진은 타고난 재능으로 고등학교에 입학하자 선배들보다 월등한 실력으로 선발투수가 되어 팀의 에이스로 활약했다. 그러다가 무리한 경기 출전으로 팔꿈치 부상을 당했다. 류현진은 수술을 받았고 꼬박 1년을 재활 치료하며 보냈다. 선수로 재개할 수 있을지 불확실한 가운데서도 꾸준히 재활과 연습을 했다. 류현진은 건강을 회복한 후 다시 경기에 나갈 수 있었다. 경기에 나간 류현진은 최선의 노력으로 '청룡기 전국 고교 야구 선수권 대회'에서 팀을 우승으로 이끌었다.

아이는 목표가 있으면 어떤 어려움도 이겨내고 끝까지 목표에 다다르려는 노력과 배움을 아끼지 않는다. 목표는 아이의 시야를 한 방향으로 모아주는 힘이 있다. 예를 들어, 아이가 인라인을 배우기 위한 목표를 가지게 되었다고 가정해보자. 그때부터 아이의 관심 속에는 온통 인라인을 잘 타는 방법과 정보만 들어온다. 분명 그전에도 있었던 인라인인데 유난히 많은 종류의 인라인이 있다는 것에 새삼 놀라기도 한다. 마찬가지로 옷을 사려고 해도, 신발을 사려고 해도 그렇다.

만약 아이가 '영어공부를 시작해볼까?'라는 목표를 세웠다면 외국인들의 말하는 모습이 제일 먼저 눈에 들어올 것이다. 매일 보고 듣던 똑같은 영어인데도 새롭게 집중하게 되는 현상이 생긴다는 말이다. 하지만 목표가 없으면 이런 현상은 일어나지 않는다. 먼저 관심사인 영어공부의 방향을 파악하고 그다음 목표를 세운다. 그리고 영어공부에 관한 생각만으로 지내보게 하라. 그러면 놀라울 정도로 그 목표에 맞는 책, 인터넷, 유튜브 등, 주위 모든 것이 그 목표에 도움 되는 것들로 가득 찰 것이다. 그 이유는 간단하다. 아이가 바라보는 시야가 영어공부로 집중되기 때문이다.

어린 시절 나는 달리기를 잘했다. 초등학생 시절과 중학생 시절에는 육상부 선수를 하기도 했다. 나는 오래달리기도 잘했지만, 내가 제일 잘하는 것은 100m 달리기다. 100m 달리기의 출발선에서 준비 자세를 하고 총소리가 들리기까지의 팽팽한 긴장감과 동물적인 감각의 출발은 지금도 나를 짜릿하게 만든다. 중학생 시절 나의 100m 달리기 평균기록은 15.5~16초였다. 나는 항상 나의 기록을 깨려고 노력했다.

나는 15초대 안으로의 진입을 목표로 매일 학교가 끝나면 운동장을 달렸다. 기록을 위해서 어떻게 해야 할까 많은 고민도 했다. 달리는 자세를 바꾸어보기도 하고, 운동화를 신고 달리는 기록과 벗고 달리는 기록을 체크하기도 했다. 단거리 달리기의 생명은 출발선에서 스타트하는 순간에 달려 있기 때문에 스타트 연습도 많이 했다.

나는 목표를 이루고자 최선을 다했지만 15초대 안으로의 기록은 깨지 못했다. 그래도 15.3의 기록으로 0.2초 기록은 단축했다. 이것이 내가 최고로 잘한 기록으로 남아 있다. 목표를 완벽하게 이루진 못했지만 그래도 목표에 근접하려고 노력했던 시간은 스스로 뿌듯하고 대견하게 여겼으며 오래도록 좋은 기억으로 남아 있다.

목표를 향해 나아가려면 먼저 자신을 믿어야 한다. 자기 스스로 믿지 못하면 아무도 자기를 믿어줄 사람은 없다. 자신조차도 믿지 못하는 사람이 무슨 일을 하겠는가! 사람의 마음은 내가 생각하고 바라는 대로 움직인다. 내가 실패한다고 생각하면 내 마음은 실패하는 쪽으로 움직이고, 내가 성공한다고 생각하면 또 성공하는 방향으로 움직이게 된다.

성공한 스포츠맨 중 새미 두발(라이트급 역도 세계 챔피언이자 세계 기록 보유자)의 말을 인용해보면 자신을 믿는 것이 얼마나 중요한지 알 수 있다.

"선수들의 눈을 들여다보면 우승자를 추측하기 매우 쉽다. 그는 감격과 확신과 단호함, '나는 지기를 거부한다'는 뜻의 특별한 시선을 가지고 있다. 그것은 자신이 처한 상황에 대한 고려에서 나온 것이 아니라 자신의 내부 깊숙한 곳에서 스스로가 발견한 능력이다."

우승자는 첫 시작부터 알 수 있다. 패배자 역시 그럴 것이다. 스스로가 발견한 능력을 얼마나 믿느냐에 따라 승패가 달라지기 때문이다.

아이가 호기심은 느끼고 재능을 보이는 분야를 발견하게 되었는데 그 분야를 잘 모를 수도 있다. 그러면 부모가 나서서 그 분야에 관한 장기적인 목표를 설정해주고 집중적으로 시간과 노력을 투자해 공부하게 해주자. 공부할 때도 큰 꿈과 함께 그 꿈을 이루기 위한 여러 단계의 구체적인 목표들이 필요하다. 당장 공부할 분량에서부터 목표를 구체적으로 적어보게 하자.

처음에는 쉽고 간단하게 적는 것에서부터 하나하나 세부적인 것을 채워보자. 얼마나 목표를 구체적으로 정하느냐에 따라 성취도도 달라질 것이다. 목표가 구체적으로 정해졌으면 꾸준한 실천이 필요하다. 아이가 자신의 목표한 바를 잘 이루고 있는지 관심 있게 지켜봐주고 격려와 응원을 아끼지 말아야 한다.

부모의 관심과 격려로 꾸준히 자신의 목표를 향해 나간다면 분명 아이는 그 분야의 전문가가 될 것이다. 그리고 아이의 인생 또한 달라질 것이다. 즐거움과 행복한 나날이 아이를 기쁘게 맞이해줄 것이다.

- 6 -

유튜브에서 배우게 하라

"유튜브를 통해서 아이의 진로를 결정해보는 것도 좋은 방법이다."

"이모, 딸기랑 설탕 좀 주세요."

"무얼 하려고?"

"탕후루 만들 거예요."

"탕후루? 그게 뭔데?"

"딸기에 설탕물을 녹여서 부어 먹는 건데 해보고 싶어요."

"그런 것은 어디서 배웠어?"

"유튜브에 나와요."

아이와 나는 유튜브를 보면서 냄비에 설탕을 많이 넣고 물을 조금 넣은 다음 불에 얹어놓는다. 그리고 딸기를 깨끗이 씻어서 나무 꼬치에 꽂아서 준비해놓는다. 불에 얹어놓은 설탕이 부글부글 끓기 시작하면 불을 약하게 줄이고 조린다. 설탕물이 어느 정도 졸아들면 미리 만들어놓은 딸기 꼬치 위에 설탕물을 끼얹어서 굳힌다. 시간이 흘러 설탕물이 굳으면 딸기를 한입 베어 먹는다. 파삭하게 설탕이 부서지며 새콤달콤 딸기의 과즙이 입안에 어우러진다. 정말 달콤한 사랑의 맛이다.

요즘은 콘텐츠를 통하여 지식을 창작하거나 시스템을 만드는 창업가들이 유튜브에서 크게 성공하는 일이 많아지고 있다. 많은 사람의 문제를 해결하거나 더 가치 있는 콘텐츠를 생산할수록 많은 소득을 끌어내는 시스템이다. 유튜버들의 성공으로 초등생이 되고 싶은 직업 3위로 유튜버 크리에이터가 올라왔다. 자기가 하고 싶은 일을 마음껏 하면서 다른 사람들에게 즐거움을 주는 일로 고수익을 창출하게 되니 인기가 많을 수밖에 없다.

앞으로의 세상에서는 누구나 1인 크리에이터가 될 수 있다. 자신의 배움을 돈으로 바꾸어 막대한 부를 성취할 수 있다. 앞으로의 세상을 이끌어갈 사람들은 바로 자신의 배움을 이용해 콘텐츠를 만들어 돈으로 바꾸는 사람들일 것이다. 세상에 이로운 정보를 만들어 자신의 영향력을 최고의 수준으로 올린 사람들이다.

〈나의 린(My Lynn TV)〉이라는 뜻의 유튜브 채널은 초등학생 키즈 크리에이터 '마이린'(본명: 최린, 초 5)과 여러 친구가 함께 만드는 채널로 10대 초등학생들이 좋아하는 인기 크리에이터 인터뷰, 키즈 챌린지, 놀이와 게임이 매일 업로드되며 현재 누적 조회 수 1억 뷰 돌파를 앞두고 있다.

린이는 9살 때 마인크래프트 게임을 시작했다. 린이는 유튜버 '양띵'의 콘텐츠를 보고 방송을 하고 싶어 했다. 부모님과 린은 양띵이 만든 무대 세트에 놀라워하며 이런 방송을 하는 전문 직업이 있다는 것을 그때 알게 되었다. 그러다가 2015년 봄, 구글 코리아의 '키즈 데이' 행사에 참여하게 되었다. 육아 파워블로거 위주로 초대된 자리였다. 키즈데이 행사의 후원사는 장난감 회사였다. 유튜브에서 키즈 콘텐츠 시장이 유망할 것이라는 프리젠테이션과 함께 잘나가고 있는 해외 콘텐츠를 소개해줬다. 스피치뿐 아니라 그날 행사장에서 바로 채널 만드는 방법을 알려줬다. 린은 즉석에서 '마이린'이라고 채널 이름을 지었다. 시청자 관점에서 '나의 린'으로 생각하면 좋겠다는 뜻에서 지은 것이었다. 행사에서는 후원사의 장난감으로 아이가 자유롭게 노는 영상을 찍어줬다. 그리고 "이걸 유튜브 채널에 올리세요"라고 했다. 장난감을 가지고 노는 모습을 유튜브 채널에 올린 후 추첨해서 장난감을 5개 더 준다고 했다. 초기에 린이가 내복 입고 어쩔 줄 몰라서 아빠 책상에서 우물쭈물하는 걸 올렸다.

그 영상을 장난감 회사에서 뽑아줬다. 그 후 장난감 회사는 2~3주에 한 번씩 장난감을 보내줬다. 그럴 때마다 장난감을 가지고 노는 콘텐츠를 올리면서 유튜브를 시작했다. 부모님은 린이가 영상에 관심이 있으니까 아이의 경험을 넓혀줄 수 있겠다고 생각했다. 재미 삼아 방송을 시작한 셈이다.

앞으로 다가올 아이들의 미래를 위해서는 다양한 상상력을 통해 새로운 것을 만들어내고, 삶을 변화시키는 창의력 교육이 필요하다. 아이의 창의력은 끝없는 아이디어로 자신만의 콘텐츠를 만들어낸다. 그리고 이것을 이용해서 다른 사람들과 소통하고 세상에 유익한 영향력을 끼친다. 이제 세상이 원하는 성공 방식이 바뀌어가고 있다. 공부만 잘하면 성공하던 시절이 지나가고 있다. 부모 세대에는 지식교육과 전문 기술교육만으로도 잘 먹고 잘 살 수 있었다. 그러나 아이 세대에는 그러한 것들이 미래의 안정을 보장하지 않는다. 이제는 개개인이 혼자서 일할 수 있는 시스템을 만들어야 하는 시대가 된 것이다.

아이만의 특별한 재능과 적성을 살려 자신이 원하는 분야의 전문가가 될 수 있어야 한다. 온라인을 통하여 다양한 방법으로 1인 기업가로 활동할 수 있는 시대가 되었다. 그러므로 시대의 변화에 맞추어 남다른 사고방식으로 아이들의 미래를 준비하는 부모가 되어야 한다.

"유아용인 '뽀로로'와 초등학교 고학년이 주요 타깃인 '도티' 그 사이에 초등학교 저학년용 콘텐츠가 없었던 거죠. 린이가 초등학교 3학년 때 시작했는데 처음에는 도티, 양띵, 대도서관 등 인기 크리에이터를 찾아가 직접 만나보고 궁금한 걸 묻는 어린이 리포터 역할을 했어요. 이후 아이들 눈높이에 맞게 콘텐츠를 제작하다 보니 인기를 끌게 된 것 같아요. 댓글에서 추천하는 아이템인 피젯스피너, 힐리스, 철판 아이스크림 등을 다루면서 인기가 높아졌죠. 보편성 있는 콘텐츠를 다루면서 구독자 연령 폭이 넓어진 것도 인기 비결 같아요."

– 네이버 포스트, 유튜브 채널 〈마이린TV〉 인터뷰 발췌

윤이는 슬라임을 만들고 가지고 노는 것을 좋아하는 여자아이이다. 유튜브에 나오는 슬라임 방송을 전부 다 볼 정도로 슬라임 마니아이다. 슬라임은 물풀에 베이킹소다와 리뉴를 넣고 물을 조금 넣어 섞는다. 재료의 비율대로 양을 조절하여 섞은 다음 액티베이터를 넣으면서 알맞은 농도가 되도록 숟가락으로 저어준다.

부드러운 색감과 폭신폭신한 슬라임을 만들려면 쉐이빙 폼을 넣어주면 된다. 그러면 손에 붙는 것도 방지되며 손에 느껴지는 감촉이 그냥 슬라임과 다르다. 이렇게 다 만들어진 슬라임을 가지고 조물조물 만지고 놀며 바람 풍선을 만들기도 하고 비즈를 넣고 자기만의 개성 있는 슬라

임을 만들기도 한다.

윤이는 매일 유튜브를 보면서 슬라임을 만드는 재미에 흠뻑 취해 지냈다. 윤이 엄마는 윤이가 슬라임 만들며 노는 것을 반대하지 않았다. 오히려 아이와 함께 슬라임을 만들며 놀아주었다. 윤이 엄마도 아이와 함께 슬라임을 만들며 놀다 보니 슬라임 만드는 재미에 빠지게 되었다. 윤이 엄마는 아이와 함께 슬라임 놀이를 하며 아이의 세상에 공감했고, 윤이의 부탁으로 예쁜 슬라임 카페를 오픈하게 되었다. 슬라임 카페는 오픈하자마자 인기를 독차지하게 되었다. 슬라임 카페는 평일에도 어린이 손님이 많았지만, 주말에는 자리가 없어 대기하며 기다리는 현상을 초래하였다. 윤이와 엄마의 유튜브를 보고 시작한 놀이가 높은 경제적 가치를 창출하는 사업으로 성공하게 된 것이다.

이렇게 유튜브에서 배운 놀이가 사업으로 이어지는 경우를 보면 유튜브의 영향력은 실로 대단하다고 말할 수 있다. '캐리와 장난감 친구들'이라는 캐리TV는 어린이들 사이에서 폭발적인 인기를 누리며 구독자 수가 204만 명에 이른다. 캐리가 가지고 노는 장난감은 불티나게 팔리는 현상으로 이어졌다. 이렇게 유튜브는 팬덤이 두터워지면 사업이 된다. 이것이 유튜브 생태계의 사업화 법칙이라고 한다. 혹시 아이가 유튜브를 보는 것이 못마땅하게 느껴진다면 생각을 바꾸어야 한다. 아이와 함께 유튜브를 보면 아이가 어떤 것에 흥미를 느끼는지 알게 된다. 그리고 아이와 함께 잘되는 유튜브는 어째서 잘되는지 살펴보면서 공부해야 한다. 일부러 시간을 내서라도 그렇게 하는 것이 좋다.

아직도 아이들의 사교육에 많은 투자를 하며 스마트폰을 통제하는 부모라면 다시 한 번 생각해 봐야 한다. 아이가 공부로 성공을 꿈꾼다면 그 공부를 잘할 수 있게 도와줘야 한다. 하지만 공부가 싫은데 억지로 학원에 다니느라 스트레스를 받는 아이라면 유튜브를 통해서 진로를 결정해 보는 것도 좋은 방법이다. 유튜브에서 배우는 것은 사교육처럼 큰 비용이 들지 않고 아이가 좋아하는 분야만 집중적으로 공부하기 때문에 일거양득의 효과를 낼 수 있다. 아이가 좋은 인재가 되기 원한다면 유튜브에서 배우게 하라.

- 7 -

부모가 배움의 모범이 돼라

"부모가 살아온 결과가
바로 아이들의 미래가 된다."

아프리카의 성자 슈바이처 박사에게 자녀 교육에서 가장 중요한 것 3가지가 무엇이냐고 물었다. 그의 대답은 첫째도 본보기, 둘째도 본보기, 셋째도 본보기라고 했다.

엄마 게가 아기 게에게 말했다.

"너는 어째서 그런 비뚤어진 걸음걸이로 걷느냐. 똑바로 걸어라."

그러자 아기 게가 말했다.

"엄마, 제게 걷는 법을 가르쳐주세요. 엄마가 곧장 걷는 걸 보면 저 역시 그대로 걸어가겠어요."

아이들은 부모의 모습을 그대로 따라 할 준비를 하고 태어난다. 아이들은 태어나면서 부모로부터 세상을 배운다. 부모의 말과 행동 감정 상태까지 배우게 된다.

이렇게 부모에게 배운 첫 세상이 아이들이 살아가는 미래의 모든 것을 결정하는 기초가 된다. 그러므로 부모는 아이들에게 배움의 자세를 보여줘야 한다. 부모가 배우려는 열정을 가지면 아이도 함께 배움에 흥미를 느낀다.

배움에 대한 부모의 열정적인 자세가 배우는 것을 즐겁게 인식하는 아이로 자라게 한다. 부모를 통하여 알게 된 배움의 즐거움으로 아이는 스스로 탐구하고 공부하는 습관을 들이게 된다. 습관으로 자리 잡은 배움을 통해 아이는 꿈을 발견하게 되고 그것을 이루는 것에 즐거움을 느낀다. 그러므로 부모가 먼저 배우는 모습을 보여주어 배움이 얼마나 즐거움을 주는 일인지 아이가 느끼게 해야 한다.

어느 날 한 어머니가 아들을 데리고 간디를 찾아왔다.

"선생님, 제 아이가 사탕을 너무 많이 먹어 이빨이 다 썩었어요. 사탕을 먹지 말라고 아무리 타일러도 말을 안 듣습니다. 제 아들은 선생님 말씀이라면 무엇이든지 잘 들어요. 그러니 선생님께서 말씀 좀 해주세요."

그런데 뜻밖에도 간디는 "한 달 후에 데리고 오십시오. 그때 말해주지요."라고 말했다.

아이 어머니는 놀랍고도 이상했으나 한 달을 기다렸다가 다시 간디에게 갔다.

"한 달만 더 있다가 오십시오."
"또 한 달이나 기다려야 하나요?"
"글쎄 한 달만 더 있다가 오십시오."

아이 어머니는 정말 이해할 수 없었으나 참고 있다가 한 달 후에 또 갔다.

"얘야, 지금부터는 사탕을 먹지 말아라."
"네! 절대로 사탕을 안 먹을래요."

소년의 어머니가 간디에게 물었다.

"선생님, 말씀 한마디 하시는 데 왜 두 달씩이나 걸린 건가요?"

"실은 나도 사탕을 너무 좋아해서 사탕을 먹고 있었어요. 그런 내가 어떻게 아이에게 사탕을 먹지 말라고 할 수가 있나요. 내가 사탕을 끊는 데 두 달이 걸렸답니다."

– 모범에 관한 예화 모음

생각은 쉽고 행동은 어렵다. 이 세상에서 가장 어려운 것은 생각을 행동으로 옮기는 것이다. 부모가 말로 하지 않고 행동으로 보여주면 자녀가 부모를 존경하고 따르지 않을 수 없다. 한마디 말보다 부모의 사람됨이 아이에게 훨씬 더 많은 가르침을 준다. 부모는 아이들에게 바라는 대로, 바로 그 모습이 되어야 한다.

책을 많이 읽어서 공부를 잘하는 아이가 되길 바란다면 부모들 스스로 책을 읽는 모습을 자주 보여줘야 한다. 싸우지 않으면서 친구들과 잘 어울리는 사람이 되길 바란다면 부모들이 먼저 그런 모습을 보여주는 것이 중요하다.

아이가 부모에게 효도하길 바란다면 부모들이 먼저 자신의 부모에게 효도하는 모습을 보이면 된다. 아이가 몸이 튼튼하길 원한다면 부모가 시간을 내서 같이 운동하면 된다. 이런 과정이 반복되면 아이는 부모를 통하여 살아가는 법을 배우게 되고 그 배움은 즐거움으로 변한다.

지인 중에 4학년 딸을 키우는 엄마가 있다. 이 엄마는 아이의 교육을 위해서 아이가 배우는 것을 함께 배우러 다닌다. 학교 공부는 어쩔 수 없지만, 아이가 미술학원에 다니면 엄마도 함께 미술학원에 등록해서 그림을 그린다. 아이가 피아노 학원에 다니면 엄마도 피아노 학원에 다니며 배운다. 아이가 인라인을 배우면 엄마도 같이 인라인을 배운다. 이 엄마의 열정은 아무도 못 말린다. 주변 사람들의 시선 따위는 신경 쓰지 않는다. 오로지 아이와 모든 것을 함께하고자 노력한다.

미술이나 피아노는 앉아서 하는 공부니까 그런대로 괜찮지만, 인라인을 배우는 것은 다르다. 인라인은 균형감각이 필요하고 스피드를 즐길 줄 알아야 한다. 모든 운동이 다 그렇겠지만 인라인을 배우려면 제일 먼저 기본자세를 익혀야 한다. 기본자세를 완벽하게 익혀놓아야 나중에 대회에 나가거나 시합을 할 때 속력을 잘 낼 수 있다.

아이들에게도 인라인 배우는 것이 처음에는 어렵다. 하물며 엄마가 인라인을 배우는 것은 아이들보다 더 힘들고 더디다. 그리고 이 엄마는 운동을 좋아하지 않기 때문에 인라인을 배우는 것은 무리였다. 그래서 엄마를 아는 사람들은 얼마 못 가서 그만둘 것으로 생각했다. 하지만 엄마는 포기하지 않았다. 중심을 못 잡고 넘어지고 또다시 일어나기를 수없이 반복했다.

어떤 때는 스스로 넘어지기도 하지만 속도가 느리다 보니 빠르게 달리는 아이들과 부딪히는 일도 종종 있었다. 이런 상황을 지켜보는 사람들의 반응은 각기 다르다.

엄마를 걱정해주는 사람도 있지만, 아이들 배우는 곳에서 방해한다고 마땅찮게 생각하는 사람도 있다. 그래도 엄마는 자기 뜻을 굽히지 않고 연습한 결과 이제는 속도를 내고 잘 타게 되었다.

내가 이 엄마한테 왜 아이가 배우는 것을 함께 배우려 하느냐고 물어보았다. 그 엄마는 어렸을 때 자기 부모님이 자기와 함께해 무언가를 배워본 기억이 없단다. 자기는 아이를 낳으면 모든 것을 아이와 함께 배우는 엄마가 되겠다고 결심했다고 했다. 그래서 힘들어도 참고 아이와 함께한 것이다. 아이는 엄마가 힘들어도 좌절하지 않는 모습을 보며 더 열심히 노력하기 때문에 그 기쁨이 크단다. 아이를 위해서 아이 앞에서 배움의 발자국을 내주는 엄마의 모습이 아름답게 느껴졌다.

옛날 북서 아메리카에 한 인디언 추장이 있었다. 그런데 어느 날 백인이 그와 하룻밤을 함께 보내기 위해 찾아왔다. 그는 오두막집에서 하룻밤을 보냈는데 추장은 그다음 날 아침에 방문객을 오두막집에서 나오게 한 후 물었다.

"당신은 지난밤에 이 오두막집을 통과한 사람들이 얼마나 된다고 생각합니까?"

그 방문객은 눈길을 자세히 살펴보았다. 거기에는 선명하게 한 사람의 발자국이 남아 있었다. 다른 발자국은 찾아볼 수 없었으므로 그는 추장에게 "한 사람만 지나갔군요."라고 대답했다.

하지만 추장은 그에게 그날 밤 그 오두막집을 수백 명의 인디언이, 다시 말해서 한 부족 전체가 지나갔다고 말했다. 그리고 그에게 이렇게 설명해주었다.

"인디언들은 그들이 어떤 방향으로 갔는지를 알리고 싶지 않을 때는 추장이 제일 선두에 걷고 나머지 모든 부족이 일렬로 그들을 따라가면서 추장이 밟았던 발자국을 정확히 밟고 지나가면서 하나의 발자국만을 남깁니다. 따라서 수백 명이 아니라 단 한 사람만 지나간 것처럼 보입니다. 이와 같은 지혜로운 계교를 사용하기 때문에 이 부족의 적들은 그들이 간 길을 발견할 수 없고, 따라서 그들을 따라잡을 수가 없습니다."

– 모범에 관한 예화 모음

부모들이 살아온 것의 결과가 바로 아이들의 미래가 된다. 부모가 바르게 잘 살았으면 아이들도 바르게 살아 부모의 삶을 증명해줄 것이다. 부모의 사는 모습은 아이들에게도 영향을 주어 아이의 미래도 부모와 비슷한 모습으로 살아가게 한다.

부모가 올바른 삶을 살아간다면 아이도 부모를 보고 올바르게 사는 모습을 보일 것이다. 부모는 아이가 자신의 발자국을 잘 따라올 수 있도록 확실하고 올바른 길을 걸어야 한다. 부모를 보고 배우는 아이들을 위해서 힘들어도 포기하지 말고 나아가야 한다.

소년 트로트 가수,
정동원

요즘 〈미스터 트롯〉 인기가 뜨거운 가운데 정동원(14세)이 다재다능한 트로트 아이돌로 소개되어서 화제를 모으고 있다. 정동원은 2018년 가을, 전국노래자랑 함양군 편에 출연해 우수상을 타면서 이름을 알리기 시작했다. 그리고 2019년 7월에 〈영재 발굴단〉에 출연했다.

동원이는 3살 때 부모의 이혼으로 할아버지 할머니의 슬하에서 자랐다. 부모의 부재 속에서 그의 마음을 위로해준 것은 트로트였다. 할아버지를 따라 트로트를 흥얼거리던 그는 동네 노래자랑부터 전국 노래자랑에 나가 수상의 영광을 안았다. 할아버지는 동원이의 끼를 살려 아낌없이 뒷바라지했다. 매니저를 자처하며 공연장에 따라다니는 것은 물론, 연습실도 직접 마련했다고 한다. 동원이는 〈인간극장〉 출연 당시 "할아버지가 아프셔서 못 주무실 때 옆에서 할머니가 걱정하면 나는 자는 척을 한다. 그럴 때 신경 안 쓰는 척하는 것이다. 내가 신경 쓰면 할아버지가 더 신경 쓰신다."라고 말했다. 할아버지의 손자를 아끼는 마음과 조부모님을 생각하는 동원이의 마음이 어우러져 동원이가 꿈을 이뤄가는데 큰 원동력이 되었다.

- 4장 -

눈치 보지 않는 당당한 아이로 키우는 8가지 기술

- 1 -

아이가 눈치 보지 않고 표현할 수 있게 하기

"자유로운 상태로 자신의 말과 생각을
거침없이 표현할 수 있어야 건강하게 자란다."

엄격한 부모 밑에서 자란 아이들은 부모에게 사랑과 인정을 받기 위해 항상 눈치를 살피는 습관이 생긴다. 작은 실수도 인정하지 않는 부모의 교육 방식은 아이에게 욕구불만이 생기게 한다. 아이는 부모에게 배운 그대로 단체생활에서 다른 아이의 작은 실수를 인정하지 않기 때문에 친구 관계에 좋지 않은 영향을 준다.

눈치 보는 아이는 자신이 어느 때나 사랑받을 자격이 없는 아이로 생각하고 잘할 때만 사랑과 인정을 받을 수 있다고 생각한다. 그래서 다른 사람의 인정을 받고자 하는 마음이 다른 사람 눈치를 보게 한다. 눈치 보는 아이는 부모님에게 관심과 인정을 받고자 하는 마음이 큰 아이다. 인정받고 싶은 욕구는 삶의 기본적인 욕구지만, 지나치게 눈치를 보는 아이는 자신의 즐거움을 억제하기 때문에 그로 인한 욕구불만으로 타인과의 부적응 현상을 보인다. 눈치 보는 아이는 착한 행동으로 얻었던 칭찬과 관심이 없어지면 이상 행동을 하거나 고집이 세지는 등 관심을 끌기 위해 엉뚱한 태도를 보이기도 한다. 이런 아이는 자라서 외면상으로는 소심해 보이는 경우가 많고 내면에는 불만이 가득하여 공격적인 행동을 보이는 경우가 많다.

나도 아이들이 어렸을 때는 화내는 엄마였다. 일은 많고 아이들은 내 마음처럼 따라주지 않는다고 생각하니 화내는 것으로 아이들을 통제하는 것이 빠르다고 생각했던 바보 엄마 시절이 있었다. 나는 화가 나면 아이들에게 큰소리를 치다가 그래도 아이들이 달라지지 않으면 아예 말을 하지 않았다. 굳게 닫힌 입과 얼어붙은 얼굴로 아이들에게 살얼음판의 분위기를 조성했다. 그러면 아이들은 내 눈치를 보며 어쩔 줄 몰라 멀뚱멀뚱 나를 바라보기만 했다. 지금도 우리 아이들은 엄마가 화났을 때 말을 하지 않는 것이 가장 무서웠다고 한다. 어느 날 내가 아이들에게 화내고 있는 모습을 언뜻 거울로 보게 되었다. 순간 나는 깜짝 놀랐다. 내가 어릴 적에 봐왔던 가장 싫어하는 모습이 거울 속에 있었다. 그런데 지금 내가 그 모습을 똑같이 하고 있다는 것이 충격이었다. 그날 이후로 나는 스스로 변하려고 큰 노력을 기울였다. 책을 통해서, 기도를 통해서, 그리고 상담과 자기계발 프로그램에 참여하면서 여러 가지 방법으로 나를 바꾸는 연습을 수없이 했다. 눈물도 많이 흘렸다. 그런 노력은 헛되지 않았다. 나는 어느 순간 마음이 평화로워지는 체험을 하게 되었다. 그다음부터는 화내는 일이 줄어들었고, 아이들과 대화를 많이 하는 엄마가 되었다. 지금도 그 바보 엄마 시절을 생각하면 마음이 아프고 아이들한테 미안하다.

어린 시절에 받은 상처는 우리 마음에 깊이 새겨진다. 엄격하고 일방적인 부모의 교육을 받은 아이는 자라서 자신도 똑같은 모습으로 아이를 키우게 되는 경우가 많다. 지나치게 엄격한 교육을 받은 아이들은 부모가 있는 곳에서는 착한 아이로 행동하지만, 밖에 나가서는 전혀 다른 모습으로 바뀐다. 부모는 집에서는 얌전하기만 한 아이가 밖에서는 전혀 다른 모습을 하고 있음을 알게 되었을 때 처음에는 믿지 못한다. 그럴 리가 없다고 부정한다. 그러나 다른 사람들의 말을 듣게 되면 걱정을 하게 된다. 아이가 집과 밖에서 다른 모습을 보이는 원인은 아이의 행동 기준이 자기를 야단치는 사람인지, 그렇지 않은 사람인지로 구분되어 있기 때문이다. 엄격한 사람에게는 눈치를 보며 말을 잘 듣고, 그렇지 않을 때는 눈치 볼 일이 없어서 말을 듣지 않게 된다. 스스로 자신의 행동을 조절하지 못하고 다른 사람에 의해 맞춰가는 아이로 자란다. 자신의 행동을 스스로 조절하는 힘을 갖추기 위해서는 아이가 실수했을 때 부모님이 답답함과 화를 가라앉히고 차분히 가르치는 말투로 바꾸는 것이 좋다.

자녀 교육 태도는 일관성 있어야 한다. 일관성이 없이 어떤 날은 허용되던 행동이 어떤 날은 꾸지람으로 이어지면 안 된다. 아이들은 부모의 말과 행동을 알 수 없어서 눈치를 보게 된다. 아이들을 눈치 보는 아이로 자라게 하지 않기 위해서는 아이보다는 부모의 자녀 교육 태도를 한번 돌아보고 변해야 한다. 나는 자기계발 프로그램의 교육에 참여하기 위하여 미국을 여행할 기회가 있었다. 나는 베이비시터라서 미국 여행 중에도 식당이나 공공장소에서 미국 부모님들과 아이들을 유심히 보게 된다. 미국 부모님들에게 받은 새로운 느낌은 내가 생각했던 것보다 아이를 상당히 엄격하게 키운다는 것이었다. 아이들을 친구처럼 다정하게 대하고, 아이가 하고 싶은 것을 하도록 자유롭게 허용한다. 하지만 어느 한계를 넘어서게 되면 바로 단호하게 제재한다.

미국에서는 음식점에 아이들이 많아도 우리나라처럼 뛰어다니거나 큰 소리를 내서 다른 사람들의 눈살을 찌푸리게 하는 일이 없다. 아이들이 음식점에서 뛰어다니거나 큰 소리를 내면 부모가 못하게 제재한다. 아이를 붙잡고 왜 그래서는 안 되는지를 설명한다. 그리고 아이가 이해하고 받아들일 때까지 계속 설득한다. 아이가 부모의 설득에 충분히 이해하면

놓아준다. 그러면 아이는 차분해지면서 다른 사람들에게 피해를 주지 않으려고 조심하게 된다.

우리나라에는 '노 키즈 존'이라고 해서 아이들을 동반하면 들어갈 수 없는 곳이 생겼다. 왜일까? 그것은 아이들로 인해서 다른 고객들이 불편을 겪기 때문에 제재하는 것이다. 부모님들이 공공장소에서 아이들을 충분히 설득하고 이해시키기보다는 "조용히 해! 뛰지 마!" 하는 식으로 혼내고 마는 경우가 많다. 아이들은 혼날 때만 눈치를 살피며 조용히 있지만 이내 다시 뛰고 돌아다닌다. 이런 상황이 계속되니 아이들을 받지 않는 해결 방법을 택한 것이다. 부모들이 자기 아이들을 눈치 안 보고 기죽지 않게 키우려면 어릴 때 일정한 규칙을 정하고 가르쳐야 한다. 특히 공공장소에서 다른 사람에게 피해 주는 행동을 하지 않도록 충분히 설명하고 설득해야 한다. 그래야 학교나 단체생활에서 친구들과 문제없이 잘 지내게 된다. 아이가 올바른 규범을 가지고 자라면 어디에서도 눈치 보지 않고 자신을 표현할 수 있게 된다.

부모는 아이들보다 삶의 경험이 많아서, 말하지 않아도 아이들의 필요를 채워줄 때가 있다. 그러나 아이가 자기 생각을 나타내야 하는 부분이 있으면 부모의 눈치를 보지 않고 자기 생각을 표현할 수 있도록 해주어야 한다. 아이들은 다른 사람의 눈치를 보지 않고 자신을 표현하는 경험을 많이 할수록 자존감이 높아지고 존중받는다고 느낀다. 존중받고 사랑받는 아이들이 상대방도 존중하고 사랑해줄 수 있다. 만약에 아이가 실수했을 때도 망설임 없이 자신을 표현해서 실수를 해결하는 경험을 가질 수 있도록 해주는 것이 좋다. 부모는 아이의 실수를 빠르게 처리하려 하다 보니, 아이들이 서툴게 자신의 실수를 표현하는 모습을 기다리지 못할 때가 있다. 그러나 이럴 때일수록 부모의 애정과 관심이 필요하다. 아이가 자신의 실수에 대해 부모 눈치를 보지 않고 표현하기를 기다려야 한다. 그러면 아이는 자신이 실수한 것에 대해 인정하고 자신을 바르게 표현하게 된다. 이런 일이 반복되면 아이는 매사에 자신감이 생기고 자신을 드러내고 표현하는 것을 두려워하지 않게 된다.

아이는 자유로운 상태로 자신의 말과 생각을 거침없이 표현할 수 있어야 건강하게 자란다. 아이가 자신 있고 당당하게 자신을 표현하게 하려면 부모가 아이를 자유롭게 키워야 한다. 아이의 말과 생각과 행동을 그대로 인정해주면 다른 사람의 눈치를 보지 않고도 자신의 의견을 마음껏 표현하게 된다. 이러한 경험이 많을수록 아이는 올바른 생각과 말과 행동을 하게 된다. 자녀 교육은 거창하고 어려운 것이 아니다. 매 순간 아이가 눈치 보지 않고 자기의 생각을 자유롭게 세상에 드러낼 수 있는 환경을 마련해주면 아이는 스스로 자신의 인생을 만들어갈 것이다.

- 2 -

아이의 의견을 존중해주기

"아이는 부모와 다른 존재예요.
그 인격체를 존중해야죠."

아이들은 자신이 말한 의견이 존중받으면 자존감이 올라가고 다음에는 더 좋은 의견을 내기 위해 노력한다. 아이들의 의견을 존중하려면 부모들이 아이의 사소한 행동이나 말을 긍정적으로 바라보는 모습을 보이는 것이 좋다. 아이들은 자신의 상황이나 의견에 대해서 말할 때 완벽한 표현이 서툴러서 자주 말실수를 하게 된다. 그럴 때 말실수를 지적하지 않아야 아이가 부모님이나 다른 사람들 앞에서 편안한 마음을 가지고 말할 수 있다.

아이가 어떤 이야기를 하려 할 때 우선 자연스럽게 말할 수 있는 편안한 분위기를 만드는 것이 중요하다. 그리고 아이의 이야기를 진지하게 들어주는 것이 좋다. 아이의 말이 자연스럽지 않더라도 따뜻한 시선으로 격려를 아끼지 않아야 한다. 그래야 아이가 용기를 내서 자신이 하고자 하는 말을 끝까지 잘 이야기할 수 있다.

영화배우 최민수 씨의 아내 강주은 씨는 흔들리지 않는 교육관을 가진 현명한 엄마다. 두 아들을 키우는 그녀는 아이를 낳으면서 한 가지를 결심했다고 한다. 아이를 한 인격체로 존중하며 키우겠다는 것이다.

강주은 씨는 부모로부터 이런 교육관을 물려받았다. "부모님은 단지 어리다는 이유로 제 의견을 무시한 적이 한 번도 없었다. 뭔가를 일방적으로 강요하기보다 서로 의견을 맞춰갔다."라고 말했다. 항상 아이를 존중해주었고, 아이에게도 늘 상대방을 존중하라고 강조했다. 집안에서도 자기 방이 아닌 공간에서는 함부로 행동하지 않도록 가르쳤다. 자기 물건이 아니라면, 설령 동생의 것이라도 허락을 받고 쓰게 했다. 강 씨 부부도 아이 방에서는 조심스레 행동하며 모범을 보인다.

"부모라면 누구나 아이에게 최고를 주고 싶어 해요. 하지만 부모가 못한 꿈을 아이에게 바라면 안 돼요. 아이는 부모와 다른 존재예요. 그 인격체를 존중해야죠. 부모의 책임은 아이의 능력과 재능이 무엇인지 섬세하게 지켜보고 발견해서, 그 재능을 키워내도록 돕는 것이라고 생각해요."

강주은 씨는 식탁에 노트북을 놓아두고 아침 식사를 하면서 아이들과 함께 CNN, 유튜브 등에서 교육이 될 만한 기사나 영상을 보며 대화를 나눈다. 두 아이 수준에 맞는 기사를 하나씩 미리 찾아둔다. 한 가지 주제를 정해 토론하는 일도 많다.

"예를 들면, 최근에는 '사실과 의견의 차이'에 대해서 얘기했어요. 아이들은 이 2가지를 잘 구분하지 못하거든요. '아빠는 멋있다, 엄마는 예쁘다.'처럼 생각나는 대로 말하면서 사실인지, 의견인지 구별해보는 것이죠. 한동안 온 가족이 '사실과 의견'을 놓고 떠들썩했어요."

강주은 씨는 아이들을 학원에 보내지 않는다. 학교에서 배우는 것만 충실히 익히게 하고, 운동을 많이 시켰다. 학원에 보내지 않는 대신, 아이들이 방과 후 지켜야 할 공부계획표를 만들었다. 공부계획은 20분간 좋아하는 책을 읽고, 학교 숙제를 하는 정도다. 9살인 둘째 아이에게는 그 시간에 오늘 경험한 내용으로 10문장 쓰기를 하게 한다. 10문장이지만, 자세하고 개성 있게 써야 한다는 조건을 달았다. '오늘 반 친구가 모자를 썼다.'라는 단순한 문장은 불합격이다. '오늘 아침 교실에 들어가니

한 친구가 커다란 파란색 모자를 쓰고 와서 반 아이들이 모두 크게 웃었다.'라는 식으로 쓰게 한다.

"제가 두 아이에게 최고로 치는 장점은 유머 감각이에요. 유머 감각이 있다는 것은, 순간의 상황을 정확히 파악하고 거기에 딱 맞는 정말 위트 있는 말을 던질 줄 안다는 뜻이잖아요. 세상 어떤 일이든 혼자 할 수는 없어요. 바른 성품, 좋은 인간관계 없이는 아인슈타인처럼 똑똑해도 할 수 있는 일이 아주 제한적이죠. 밝고 긍정적인 사고방식을 가지고 남을 배려할 줄 아는 사람으로 키우고 싶어요."

부모로부터 존중받고 존중할 줄 아는 아이는 다른 사람을 어떻게 존중하는지를 알게 된다. 그리하여 그 존중감으로 다른 누군가와 공감을 이루게 되고 그 공감들이 모여 건강한 마음으로 자라게 되는 것이다. 아이를 존중하라고 해서 무조건 자유를 주며 방임하라는 뜻은 아니다. 사회에서 정해준 기준과 테두리가 있듯이 부모는 아이가 규칙과 책임감을 실천하도록 가르쳐야 한다는 것이다.

또한, 아이에게 권리와 책임을 가르치는 것도 존중하는 교육의 한 방식이다. 자기의 권리를 행사하기 위해서는 어떠한 한계를 가져야 하는지 알고, 사회적 기대치를 이해하도록 가르쳐야 한다. 어떤 일이든 한계를 모르는 아이는 앞뒤를 가리지 않고 행동하여 부정적인 결과를 초래하고 부모를 힘들게 하는 경우가 많다. 부모로부터 남의 감정을 존중하는 것을 배운 아이들은 건강하게 성장하며 평생 부모에게 감사할 것이다.

한 아이가 있다. 아이는 매일 엄마의 잔소리를 듣고 산다. 엄마가 본인의 생각만 바르다고 주장하면서 자기 말은 들으려 하지 않아서 늘 불만이다. 아이가 조금 수준 높은 책을 읽고 자랑스럽게 이야기하면, 대학 강사인 엄마는 "그건 네가 이해하지 못하고 있는 거야."라고 했다.

아이가 알고 있는 사실이 정확하지 않아서 제대로 알려주려고 했을 수도 있다. 하지만 아이는 엄마에게 그냥 자랑하고 싶었던 것이었는데 엄마는 잘못 이해한 부분만 지적하는 것이다. 아이들이 자신이 읽은 책에 관해서 이야기하는 것은 부모로부터 인정을 받고 싶기 때문이기도 하다.

"우와, 네가 그 어려운 것도 읽었구나! 제법인데!" 하는 말을 듣고 싶은 것이다. 그런데 엄마는 매번 잘못되었다는 지적과 끝없는 설명만 늘어놓는다. 아이가 배우고 싶은 학원을 선택할 때도 아이의 성향과 의견은 무시한 채 엄마 마음대로 정한다. 아이가 자신의 의견을 내면 "네가 뭘 안다고 그래. 이런 것을 배울 때는 이 학원이 훨씬 더 좋아."라면서 들은 척도 안 한다.

아이가 더 불만인 것은 엄마가 3살 아래 남동생만 편애하는 것이다. 동생은 자꾸 자기 물건을 가져가거나 자기를 괴롭힌다고 했다. 한번은 동생이 하도 귀찮게 해서 한 대 때렸는데 동생이 울고불고 난리를 치며 엄마한테 일렀다. 엄마는 자초지종을 알려고 하지도 않고 동생을 왜 때렸느냐며 이 아이만 혼냈다. 아이는 억울한 일이 1~2개가 아니라고 했다. 그 점에 대해서 엄마와 이야기를 하기도 했단다. 엄마는 동생은 어리고 남자아이라 장난이 심하니 네가 이해하라고 설명했다. 아이는 그 말이 정말 서운했다고 말했다.

아이는 아주 어릴 때부터 항상 "넌 누나인데 네가 참아야지." 하면서 엄마가 자기편을 들어준 적이 없다고 했다. 이젠 엄마가 무슨 말을 해도 안 듣고 싶다고 했다. 엄마로부터 존중을 받지 못하고 자라는 아이는 자신감이 없고 무기력해진다.

아이들은 자기의 상황을 진심으로 솔직하게 얘기했는데 부모가 믿어주지 않을 때 속상해한다. 자존심 상하는 말을 듣거나 아무리 노력해도 부모님의 마음이 바뀌지 않아 무력해질 때 억울함을 느낀다.

아이의 의견이 때로는 잘못된 선택이 될 수도 있다. 그렇더라도 부모는 그 모습을 곁에서 지켜보고 격려해주며 아이가 스스로 방법을 깨우칠 수 있도록 충분한 시간을 주어야 한다. 만약 스스로 깨우치지 못할 때는 아이에게 충분히 이해시키면서 아이의 의견을 존중해주기 바란다. 그러면 아이는 자신만의 바른 선택과 판단을 하게 된다. 그리고 스스로 결정한 것에 대해 책임감을 가질 수 있다. 아이만의 생각과 느낌에 따라 결정할 능력을 갖추게 하는 것도 부모의 의무다.

자신의 의견이 존중받고 부모가 자신의 이야기를 공감해준다고 느끼는 아이들은 안정적인 환경에서 성숙하게 자란다. 부모가 할 일은 아이의 성장 과정을 사랑과 존중으로 함께해주는 것이다. 만약 자녀가 존중할 줄 아는 아이로 자라길 바란다면 먼저 아이를 존중하고 사랑해야만 한다.

- 3 -

문제 행동을 할 때 아이의 마음을 헤아려주기

"아이의 마음을 헤아려주고 진지한 대화를 통해
해결 방법을 찾아야 한다."

아이는 태어나면서 엄마와의 관계 속에서 다른 사람의 마음을 헤아리는 연습을 하기 시작한다. 갓 태어난 아이가 감정을 표현할 때 엄마는 아이의 감정을 헤아리게 되며 아이가 무엇을 원하는지 안다. 아기의 마음을 잘 헤아려서 반응하고 원하는 것을 해결해주면 아이는 만족한다. 그리고 자신의 감정을 헤아리는 능력이 발달하면서 엄마의 마음도 헤아리게 된다. 그렇게 아이는 다른 사람들과 잘 어울리는 방식을 배워가게 된다. 이렇게 시작되는 타인의 마음을 헤아리는 능력은 아이가 자라면서 다양한 사람들과의 경험들을 통해서 더욱 발전한다. 그리하여 자신만의 마음을 헤아리는 방식을 만들어간다. 이러한 마음을 헤아리는 방식을 만드는 어린 시절 내면에 상처를 받으면 다른 사람을 비뚤게 보게 된다. 그리고 정서발달을 늦어져서 내 마음과 다른 사람의 마음을 제대로 이해할 수 없게 된다.

아이는 자신이 가지고 있던 생각이 다른 사람에게 올바로 전달되지 못했을 때, 상대방은 자기 마음을 제대로 이해하지 못하리라 생각하고 불편해한다. 다른 사람들과의 관계 속에서 생기는 문제는 아이가 자신과 상대방의 마음을 헤아리는 과정에서 비뚤어진 감정이 나타날 때 생긴다.

윤호는 명랑하고 솔직한 성격의 초등 2학년 아이이다. 항상 공부와 숙제도 알아서 했다. 윤호 엄마는 아이 때문에 걱정하는 일이 없었다.

"엄마! 나 오늘 100점 맞았어요. 나 혼자만 100점이에요."

윤호는 신바람이 나서 소리쳤다.

"정말? 너무 잘했다! 정말 너 혼자만 100점이야?"
"네, 다른 애들은 다 1~2개씩 틀렸어요."
"와! 너무 잘했다. 우리 아들 뭐 먹고 싶어?"
"피자랑 치킨이요!"

"그래 알았어!"

윤호 엄마는 너무 기분이 좋아서 윤호가 피자와 치킨을 먹는 모습을 대견스럽게 쳐다보고 있었다. 그러다 윤호 엄마는 민수는 몇 점 맞았을까 궁금하기도 하고 윤호 100점 맞은 것을 자랑하고 싶었다. 그래서 윤호가 피자랑 치킨을 먹는 사이 방으로 들어가 민수 엄마에게 전화했다.

"민수 엄마, 뭐 하세요? 아이들 오늘 시험 봤다는데 민수 시험 잘 봤어요?"

"네, 우리 민수 오늘 100점 맞았어요. 짜장면 먹겠다고 해서 중국집 왔어요."

"네? 100점이요?"

"네 우리 반 오늘 100점 3명이래요. 윤호도 100점 맞았다면서요."

"아, 네…."

윤호 엄마는 잠시 어떻게 된 영문인지 알 수가 없었다. 윤호가 자기 혼자 100점 맞았다고 했는데 그게 아니었다. 윤호 엄마는 아이가 자기를 감쪽같이 속인 것에 너무 놀라고 화가 났다. 윤호 엄마는 마음을 잘 다스리고 윤호에게 물어보았다. 그랬더니 엄마가 툭하면 '민수는 100점만 맞는다'고 칭찬하는 것이 듣기 싫었다고 한다. 민수보다 자기가 더 잘해서 엄마의 칭찬을 받고 싶어서 그랬다고 한다. 윤호 엄마는 머리가 띵했다. 자기가 아이의 마음을 헤아리지 못하는 말로 아이를 거짓말쟁이로 만든 것 같아서 마음이 아팠다. 윤호 엄마는 아이에게 사과했고 100점 맞지 않아도 괜찮으니 앞으로는 솔직하게 말해달라고 하며 아이의 마음을 풀어주었다. 이처럼 아이들은 부모님이 다른 아이를 칭찬할 때 부모의 사랑을 뺏기는 듯한 기분이 든다.

아이는 자라면서 타고난 성향과 그동안의 다양한 경험을 하며 자신만의 방식으로 타인을 이해하고 헤아리는 마음을 갖게 된다. 이렇게 갖춰진 마음으로 다른 사람들과의 관계에서 믿음을 키우며 가까워지기도 하고 상처받고 멀어지기도 한다.

자신의 마음과 상대방의 마음을 잘 이해하는 것은 서로를 더욱 가깝게 하고 믿음을 돈독하게 키워나가는 길이다. 하지만 상대의 마음을 잘 이해한다는 것이 생각보다 쉬운 일은 아니다. 행동이나 말의 속뜻을 이해하려고 노력해야 마음을 헤아리는 능력이 향상될 수 있다.

부모는 아이가 문제 행동을 한다는 것을 모르는 경우가 많다. 집에서 한결같은 모습으로 생활하기 때문에 아이가 문제 행동을 한다는 것을 알지 못한다. 학교 선생님이나 주변 사람들이 말해주기 전까지는 자신의 아이가 정상적이라고 생각한다. 문제가 있는 아이는 집을 떠나 학교에서 단체생활을 하기 시작하면서 나름의 문제 행동들이 나타난다.

"선생님! 태우가 너무 괴롭혀요!"

"선생님! 태우가 제 연필을 가지고 도망갔어요!"

"선생님! 태우가 제 머리를 잡아당겼어요!"

반 아이들은 온종일 태우의 괴롭힘에 힘들어한다. 태우는 명랑하지만 거침없이 행동하는 아이다. 상대방의 기분은 아랑곳하지 않고 자기가 하고 싶은 대로 행동한다. 잠시도 가만히 있지를 않고 친구들에게 장난을 걸고 놀리고 괴롭힌다. 그러다 싸움이 일어나면 욕을 하며 거칠게 달려든다. 나중에 왜 싸웠느냐고 물어보면 모른다고 대답한다. 다른 아이가 먼저 자기를 괴롭혔다고 말한다. 태우가 이런 행동을 하는 데에는 이유가 있다.

태우는 아버지와 누나와 셋이 살고 있다. 엄마는 아버지의 술주정과 폭력에 못 견뎌 집을 나가셨다. 아버지의 폭력과 술주정은 아이들에게로 향했고 아이들은 꼼짝없이 그 힘든 시간을 견디며 살고 있었다. 그러한 환경에서 아이는 상대방의 감정을 헤아리는 법을 배울 수 없었고 아버지에게 배운 공격적인 방법으로 자기를 보호하게 된 것이다. 또한, 자기가 한 행동이 옳은지 그른지 판단할 수도 없었다.

어떤 아이들은 다른 사람의 신호를 잘못 알아차리거나 전혀 헤아리지 못하는 경우가 있다. 이런 아이들은 어떤 행동이 장난인지 아닌지 명확하게 구분하지 못하는 것처럼 행동한다. 자기는 친구에게 과도한 장난을 하면서, 정작 자신에게 누군가 실수라도 하면 지나치다 싶을 만큼 흥분하면서 싸움을 건다. 이는 오해를 많이 하고 다른 사람의 마음을 헤아리지 못하는 데서 오는 행동방식이다. 이런 아이들은 항상 다른 친구들이 자신을 괴롭힌 것이지 자신이 먼저 괴롭힌 것이 아니라고 말한다. 상대방의 감정이 어떤지 잘 헤아리지 못하기 때문에 매사에 반항하거나 공격적으로 해결하려 한다. 이런 아이들은 대부분 자신의 감정도 잘 이해하지 못하는 경우가 많다. 감정에 대해 어떻게 다루어야 할지 모르기 때문이다. 이런 아이에게는 감정에 대해 제대로 인식할 수 있는 연습과 적절히 표현할 방법을 알려주는 것이 좋다. 아이 스스로 감정을 제대로 헤아릴 수 있는 연습을 해서 적절하게 표현한다면 더 이상의 힘든 감정에 휘둘리지 않고 살아갈 수 있다.

아이가 문제 행동을 하는 데는 항상 이유가 있다. 부모는 아이가 문제 행동을 한다는 것을 알게 된다면 일단 자신이 아이에게 어떠한 방식으로 교육을 했는지 돌아보아야 한다. 그 문제 행동을 하는 아이를 꾸짖을 것이 아니라 그 원인이 어디서 시작되었는지 헤아려야 한다. 원인을 파악하면 아이의 마음을 헤아려주고 진지한 대화를 통해서 해결 방법을 찾아야 한다. 아이의 문제 행동은 아이만의 문제가 아니라 부모의 문제일 수 있으니 마음을 열고 아이와 함께 개선해가면 된다. 아이가 문제 행동을 할 수밖에 없는 상황을 공감하고 위로해주면 아이는 쉽게 바뀔 수 있다. 부모는 항상 아이를 관심을 가지고 돌보며 아이의 마음을 헤아리는 전문가가 되어야 한다.

\- 4 -

부모의 자책과 걱정이 아이를 불안하게 한다

"부모의 흔들리는 마음이 아이에게 전달되어
아이는 불안을 느끼게 된다."

요즘 부모들은 아이를 잘 키우고자 자녀 교육에 대한 관심이 많다. 자녀 교육 전문서적을 통해서 아이의 성장에 필요한 정보를 얻기도 하고 유튜브나 SNS를 통하여 전문가들과 소통을 하며, 아이 교육에 최선의 노력을 기울인다. 그런데 너무 다양한 지식이 오히려 부모와 아이를 불안하게 할 수 있다는 사실은 알지 못하는 경우가 있다.

이전 세대의 부모들은 아이에게 화를 내고 아이를 혼내는 것은 부모의 해야 할 역할이라고 생각했다. 아이를 올바르게 키우기 위해서는 필요하다고 여겼다. 올바른 행동을 가르치는 것이 아이의 감정을 살피는 것보다 중요하다고 여겼다. 그런데 지금 세대는 왜 부모가 아이에게 화내고 아이를 혼내는 것을 나쁘다고 생각하게 되었을까? 그것은 부모 세대와 다르게 자존감과 애착에 대한 다양한 지식과 정보로 부모의 화가 아이의 자존감에 상처를 줄 수 있다는 것을 알게 되었기 때문이다.

아이가 혼날 짓을 해서 마땅히 혼을 냈는데도 '조금만 더 참을 걸 그랬나?' 하고 바로 후회한다. '그 말을 괜히 했어.'라든가 '그렇게 심하게 말할 필요는 없었는데 나는 왜 참을성이 없을까?'라며 자책을 한다. 화낸 자신이 후회스럽고 화낸 것을 반성한다. 그러면서 '다음엔 절대 화내지 말아야지.' 하고 다짐을 한다. 이러한 부모의 흔들리는 마음이 아이에게 전달되어 아이는 불안을 느끼게 된다.

나도 초보 엄마 시절에는 아이들을 야단치며 키웠다. 아이를 처음 키워보면 책과 매체를 통해서 얻은 지식과 실제로 아이를 키우는 일은 많은 차이가 있다는 것을 알 수 있다. 이론적으로는 그러지 말아야 하는데, 막상 어떤 상황이 닥치면 이론은 별 소용이 없어진다.

내 딸은 내면이 섬세하고 예민한 감각을 가지고 태어났다. 어린 시절 딸아이는 작은 이불을 항상 가지고 다녔다. 자기 이불에 대한 사랑이 남달라서 누구라도 자기 이불을 만지거나 가지고 노는 것을 허락하지 않았다. 이불이 다 낡아서 형편없어도 아이에게는 그 낡은 것까지 소중했다.

어느 날 아이의 친구가 집에 와서 놀게 되었다. 아이들은 한참을 어울려서 재미있게 놀았다. 그러다 갑자기 딸아이가 이렇게 말했다.

"너랑 안 놀아! 집에 가!"

내가 물어봤다.

"왜 그러니, 무슨 일이야?"

"얘가, 내가 안 된다고 하는데도 자꾸만 내 이불을 가지고 놀잖아!"

"그래? 네 친구도 그 이불이 맘에 드나 보다. 오늘만 친구에게 양보하면 안 되겠니?"

"싫어! 쟤랑 안 놀아, 집에 가라고 해!"

나는 아이를 설득해보았다. 그러나 아이의 마음은 변하지 않았다. 결국, 친구를 돌려보내고 마는 아이를 보며 나는 화가 났다. 이불 때문에 친구를 돌려보내는 것이 내 상식으로는 용납이 되지 않기 때문이었다. 나는 아이를 불러놓고 야단을 쳤다. 이불보다 친구가 더 소중하다는 것을 알게 해줘야 한다는 강박관념이 나를 사로잡았다. 아무리 야단쳐도 딸아이의 마음은 변하지 않았다. 나는 어느 순간 '이게 아닌데….'라는 마음이 들기 시작했고 그쯤에서 아이를 혼내는 것을 멈추었다. 이렇게 아이의 마음을 헤아리기보다 세상의 잣대에 아이를 맞추려고 애쓰는 실수를 반복하면서 '이러면 안 되는데….'라고 되풀이하는 엄마로 살았다.

우리는 그동안 배우고 아는 대로 좋은 부모 되기에 기준을 두고 아이들을 양육하려 한다. 그렇다 보니 이론상의 부모와 실제의 나와의 차이가 있다는 것을 알게 되면서 불안과 걱정이 시작된다. '책에서는 이랬는데 나는 다르게 했네.'라든가, '지난번에는 이렇게 말했는데 이번에는 다르게 말했네, 이거 잘못한 것이 아닌가?' 하면서 자책과 후회를 반복한다. 그러다 보면 불안하고 혹시나 자신으로 인해서 아이가 잘못 자라는 건 아닌지 걱정하게 된다. 그 불안과 걱정은 고스란히 아이에게 전해진다.

엄마들은 아이에게 따뜻하고 다정하고 친구 같은 엄마가 되고 싶다고 말한다. 엄마가 일을 안 하고 전업주부로 있다면, 그만큼 '좋은 엄마'가 되어야겠다는 생각이 강하다. 워킹맘이라면 아이와 떨어져 있는 시간에 대한 미안함 때문에 함께 있는 시간이라도 좋은 엄마가 되려고 한다. 그래서 엄마는 아이와의 관계에서 화가 나도 화를 내지 못한다. 화를 냈다가도 금방 미안해 어쩔 줄 몰라 한다. 이것은 둘 사이의 관계에서 엄마가 약자가 되었다는 뜻이다. 형제가 3~4명 되던 엄마의 세대와 다르게 지금은 아이가 1~2명밖에 안 되니, 아이가 우선되는 경우가 더 많다.

아이와 친구 같은 엄마가 되는 것은 좋지만 아이에게 끌려다니고 화가 나도 화를 못 내면 아이를 바르게 키우기 어렵다. 아이에게 화를 한 번 내고 나서는 죄인처럼 눈물을 흘리며 반성하는 것은 부모로서의 올바른 자세가 아니다.

느닷없이 화를 내는 것도 문제지만 화에 대한 지나친 죄책감도 문제다. 욱하는 마음에 화를 쏟아내면 안 되지만 그렇다고 화를 무조건 참아서도 안 된다. 그 사이 어딘가에 중심이 필요하다. 화를 내게 되는 정확한 원인을 알고 충분히 이해한 후 표현해야 한다.

영미 엄마는 일관되지 않는 교육 태도 때문에 아이들을 혼란하게 만든다. 영미는 공부 욕심이 있어서 스스로 열심히 공부하는 아이이다. 성적도 상위권이었다. 영미는 다른 과목은 다 잘하는데 영어 과목이 생각보다 점수가 안 나와서 영어공부를 조금 더 해봐야겠다고 생각했다. 영미는 엄마한테 영어학원에 보내 달라고 말했다.

"너무 애쓰지 마. 좋은 대학 갈 필요 없다. 너는 영어 잘하니까 영어학원은 다니지 않아도 된다." 그런데 동생이 영어학원 다니고 싶다고 하니까 "너는 영어 못하니까 학원 다녀봤자 소용없으니 다닐 필요 없다."라고 하셨다.

그리고 어떤 날은 친구들과 놀다가 조금 늦었는데 공부 안 하고 놀러 다니면 어떻게 하느냐고 야단을 치셨다. 어떤 날은 공부하고 있는데 자꾸만 심부름을 시키셨다.

영미가 공부할 때는 심부름 시키지 말아 달라고 했더니 "공부 잘 해봐야 아무 소용없다."라고 하셨다. 영미는 엄마가 자꾸만 이랬다저랬다 하고 툭하면 잘못을 지적하고 화를 내기도 하니까 기운 빠지고 공부할 의욕이 사라진다고 하소연했다. 이렇게 엄마의 이야기를 하는 것도 엄마한테 미안하고 자책감이 든다고 했다.

엄마와 아이는 가장 많이 의지가 되면서도 제일 쉽게 상처를 받는 관계다. '내 아이니까 말 안 해도 알겠지.'라고 생각했다가 기대한 것과 다른 반응을 보면 더 당황스럽고 화가 나기도 한다. 그렇다고 화 나는 대로 아이에게 말하면 오히려 더 자책감이 들고 마음이 힘들어진다. 그런데 힘든 마음을 표현하지 않으면 그 감정이 해소되지 않은 채 쌓여서 나중에는 감당하기 어려운 감정 상태로 변할 수 있다. 감당하기 어려울 정도로 화나는 감정이 앞선다면 잠시 멈추고 화나는 감정을 먼저 생각해보고 정리해야 한다. 그 후에 서로 대화해보는 것이 좋다. 자신의 마음을 솔직하게 이야기한 후에 아이의 마음이 어떤지 들어보면 서로 이해하는 방식을 알게 될 것이다.

아이를 기르는 일은 장거리 마라톤과 같다. 당장 눈앞만 보고 서두르면 멀리 가기도 전에 지치게 된다. 멀리 뛰는 마라톤은 처음부터 무리하게 달리면 끝까지 완주하기 힘들다. 나의 상태를 잘 알고 속도를 조절하여 끝까지 완주하는 것이 성공하는 것이다. 아이를 잘 키우는 것도 마찬가지다. 아이의 속도에 부모가 맞추어야 한다. 그래야 아이가 무리 없이 잘 자라게 된다.

아이를 잘 키우는 것에는 정답이 없다. 부모가 그때그때 자신의 감정에 솔직하고, 아이에게도 솔직한 감정을 이야기하며 천천히 함께 살아가는 것이다.

어떠한 사물이나 사람도 가까이서 보면 흠이 보이게 마련이다. 아이의 경우에도 너무 가까이 보지 말고 멀리서 지켜보는 지혜가 필요하다. 아이를 잘 키우려면 멀리 보는 연습을 많이 해야 할 것이다.

진짜 나를 발견한 성공 사례

스케이트보드계를 평정한 초등학생, 임현성

바퀴 달린 길쭉한 나무판자에 올라 화려한 묘기를 선보이는 스포츠, 스케이트보드. 불과 11살 나이에 우리나라 스케이트보드계를 평정한 초등생이 있다. 임현성 군이 그 주인공이다. 2018 아시안 오픈 스케이트보드 챔피언십에서 성인들을 꺾고 당당히 국내 1위에 올랐다. 이제는 '세계 챔피언'을 꿈꾼다.

임현성 군은 지독한 연습벌레다. 두툼한 고무를 덧대 오래 신을 수 있게 만들어진 스케이트보드 전용 신발도 채 한 달을 버티지 못한다. 보드 데크는 1년 새 60개를 갈아치웠다. 일주일만 타도 균열이 가서 타지 못한다. 지난 4년간 하루 평균 5~6시간을 오롯이 보드를 타는 데 썼다. 현성이에게는 2가지 목표가 있다. 하나는 '세계 최고의 선수'이고, 다른 하나는 '부모님 고생 안 시키기'다.

"눈이나 비가 오면 연습장이 미끄러워지잖아요. 그런데 연습장에 가면 눈이 다 치워져 있고, 비가 다 말라 있어요. 아빠가 제가 오기 전까지 그걸 다 치워놓으시거든요. 그럴 때마다 더 열심히 해야겠다고 다짐해요. 꼭 세계 챔피언이 돼서 기쁘게 해드릴 거예요."

"어떤 기술은 배우는 데 몇 달이나 걸려요. 몇백 번은 넘어져야 하고요. 그런데 언젠가 성공해요. 그래서 저는 보드 탈 때 짜증 나지 않아요. 결국은 제가 해낼 거라는 걸 알고 있거든요."

- 5 -

엄마의 감정을 솔직히 표현하라

"엄마 자신의 감정을 잘 정리할 때
아이를 올바르게 키울 수 있다."

"마음에서 감각을 느끼거나 숨기는 것이 아니라 감수성으로 감정을 느끼는 것에 관한 것이다."

– 칼 로저스

어린 시절에 왜 잘못했는지 모르는데 엄마가 불같이 화를 내서 영문도 모른 채 잘못했다고 빌며 혼자서 기죽었던 기억이 한 번쯤은 있을 것이다. 엄마도 감정이 있어서 아이가 말을 안 듣고 고집을 피우면 속상하고 화가 나는 것은 당연하다. 하지만 엄마가 자기의 감정을 제대로 통제하지 못할 때 아이들에게 씻을 수 없는 상처를 남길 수 있다.

"지금 네가 뭘 잘못했는지 알아?" "지금 내가 왜 화내는지 아느냐고!" 이렇게 말하며 아이들을 혼낸다. 그런데 아이들은 자신이 왜 혼나는지 잘 모른다. 엄마가 계속 추궁을 하니까 아이는 할 수 없이 대답한다.

"잘못했어요. 엄마! 다음부터는 안 그럴게요."

이렇게 대답하면 엄마는 또 꼬리를 문다.

"알면서 왜 그랬어? 며칠 전에도 한 번만 용서해 준다고 했지!"

"…."

이런 일방적인 대화에는 '아무 소리 말고 무조건 엄마 말 잘 들어!'라는, 아이의 굴복을 원하는 엄마의 억지가 들어 있다.

엄마들은 자신의 말을 잘 듣는 아이가 착한 아이라고 생각한다. 하지만 아이들은 자기의 생각이 자라고 자아가 형성되면서 엄마의 일방적인 대화를 거부한다. 오히려 엄마가 바라는 반대 방향으로 행동하는 아이도 있다. 엄마도 감정을 가진 사람인지라 자신의 말을 안 듣는 아이에게는 화가 나고, 감정적으로 아이에게 소리 지르고 싶어진다. 하지만 감정을 조절하지 못하고 아이에게 소리를 지르면 아이의 마음에 상처를 남긴다. 자신의 의견을 무시당한 채 엄마의 요구대로 복종하면서 자란 아이는 성인이 되어서도 스스로 독립하지 못하고 부모에게 의존하게 되거나 오히려 부모를 이기기 위해 더 커다란 반항을 하게 되기도 한다.

아들이 초등학교 2학년 새 학기가 시작한 지 얼마 되지 않았던 때이다. 아이의 담임 선생님은 정년퇴임이 얼마 남지 않은 할아버지 선생님이셨다. 2학년 아이들은 활기찬 에너지로 학교생활을 한다. 아들은 다른 아이들보다 조금 더 활동적인 아이였다. 선생님은 나이가 많으셨고 에너지 넘치는 아이들이 부담스러우셨던 것 같았다.

어느 날 아이가 한쪽 다리를 짚지 못하고 친구의 부축을 받으며 집에 돌아왔다. 나는 깜짝 놀라 병원으로 아이를 데려가면서 어떻게 된 일인지 물어보았다. 아이가 쉬는 시간에 친구 2명과 정신없이 놀다 보니 수업 종소리를 못 들었단다. 놀이터에서 놀다 주위를 둘러보니 아이들이 없어서 수업시간인 것을 알게 된 것이다.

급하게 교실로 달려가는데 친구들이 자기들을 찾으러 나왔고 그 뒤로 선생님이 회초리를 들고 서 계시는 것이 보였단다. 선생님은 평소에도 툭하면 아이들을 회초리로 때리셨단다. 3명의 아이는 선생님보다 회초리가 무서워서 멈춰 섰는데, 선생님이 아이들을 향해 회초리를 흔들며 달려오셨단다.

결국 아이들은 선생님에게 잡히지 않으려고 도망치다 학교 담을 넘게 되었는데, 아이는 담을 넘다가 발목을 다친 것이었다. 학교 담 너머에는 큰 도로가 있었다. 자칫 잘못하면 위험한 상황이 될 수도 있었다. 나는 아이를 데리고 정형외과에 갔다. 엑스레이를 찍어보니 다행히 뼈에는 이상이 없었다. 그러나 인대를 다쳐서 한동안 깁스를 하고 지냈다. 나는 너무 화가 났다. 2학년이면 아직 호기심 많은 철부지인데 아이가 담을 넘도록 쫓아가신 선생님이 도저히 이해가 되지 않았다. 나는 학교 교무실로 전화를 했다. 그러나 선생님은 이미 퇴근하신 후였다. 나는 화가 풀리지 않았다. 선생님께 책임을 묻고 싶었다. 하지만 "아이가 6학년까지 다녀야 하는데, 문제가 커지면 아이가 학교에 다니기 힘들어서 안 된다."라고 주변 사람들이 말렸다.

나는 고민했다. 다음 날 남편이 선생님을 만나러 학교에 갔다. 남편이 문제를 제기하자 선생님이 내년에 정년퇴임인데 불미스럽지 않게 해달라고 사정을 하셨단다. 남편이 선생님께 다시는 아이를 때리지 않을 것을 약속받고 그 일을 마무리했다. 지금도 그때 엄마인 내 감정을 그 선생님께 전달하지 못한 것이 못내 아쉬운 감정으로 남아 있다.

억울함을 느끼는 사람은 이런저런 상황과 여러 생각이 섞이면서 복잡한 상태가 된다. 그 상태는 시간이 흐른다고 지워지거나 없어지지 않는다. 억울한 감정이 생기면 일단 복잡한 상황을 뛰어넘어 상대에게 자신의 감정을 솔직하게 전해야 한다. 그것이 어떤 결과를 가져오든 중요하지 않다. 중요한 것은 지금의 내 감정이기 때문이다.

아이와의 관계에서도 마찬가지다. 아이를 키우면서 느끼게 되는 후회하는 감정, 미안한 감정, 용서를 구하는 감정 등 여러 감정을 그냥 내면에 쌓아두면 안 된다. 그때그때 감정들을 잘 정리할 수 있어야 한다. 감정이 잘 정리되면 아이와 진솔하게 이야기할 수 있어야 한다. 이러한 방법이 엄마다운 감정 정리 방식이 되어야 한다. 그래서 아이에게도 항상 감정에 대한 질문을 많이 하고 또 그 감정을 허용해줘야 한다.

『82년생 김지영』이라는 책이 베스트셀러에 올라서 우연히 사서 보게 되었다. 나는 책을 읽으면서 여자로서의 나의 삶에 대해 깊이 있게 생각해보았다. 작년에는 영화로 나와서 2번이나 보았다. 여자로서의 나와 엄마로서의 나를 바라보는 관점을 전환하게 해준 책과 영화였다. 82년생 김지영은 두 돌을 갓 넘은 딸을 돌보는 주부다. 김지영은 알아주는 명문대 국문학과를 졸업했다.

그녀는 회사에 입사하여 나름대로 인정도 받으며 사회생활을 했다. 하지만 임신하면서 아이를 출산하고 혼자서 아이를 돌보느라 자신의 삶은 멈추고 엄마로서 힘든 시간을 보낸다. 그녀는 어느 날 갑자기 이상 증세를 보였다. 단순한 산후우울증이라 보기엔 증상이 심각했다. 남편은 정신과 진료를 받게 하려고 했지만, 그녀는 걱정하지 말라며 자신은 괜찮다고 했다. 그러나 그녀는 괜찮은 것이 아니었다.

김지영의 가족은 옛날 가정과 같이 전형적인 아들 선호사상이 강한 집이었다. 그녀는 특히 할머니로 인해 남동생과 많은 차별을 겪는다. 김지영은 학교와 직장생활을 하면서도 성차별을 당하지만 마땅한 대책이 없다. 김지영은 결혼하고 아이가 생기면서 육체적으로 힘든 상황이 정신적인 문제로 다가온다.

산후우울증과 함께 잘할 수 있는 일을 어쩔 수 없이 그만두게 되고 다시 찾아온 기회도 포기해야 하는 상실감을 겪는다. 그러면서 김지영은 마음의 병을 얻는다. 영화에서는 김지영 어머니와 관련된 내용을 더 강조하였는데 김지영 엄마의 절규가 가슴을 아프게 했다.

나도 딸이었고, 엄마가 되었고, 지금은 내 딸이 결혼할 나이가 되니, 영화 속 김지영의 엄마 마음이 공감되어 저절로 눈물이 났다. 책과 영화 속에 나온 주인공이 겪은 경험이 아직도 우리나라의 많은 엄마가 겪고 있는 것이다. 나 또한 엄마로, 아내로, 며느리로 사는 것에 익숙해서 내 감정을 돌볼 겨를이 없이 살았다. 내 삶을 희생하며 많은 것을 참아야 했고, 그렇게 사는 것이 잘 사는 것이라 알고 살았다. 그런데 그게 아니라는 것을 알게 되었다. 엄마이기 때문에 참고 희생해야 하는 것은 현명한 것이 아니다. 엄마이기 때문에 자신의 감정을 솔직히 드러내고 표현하여 내면이 자유로워져야 한다. 그래야 아이를 밝고 행복하게 키울 수 있다.

엄마들은 자신과 아이의 건강은 열심히 챙기면서도 마음을 챙기는 데는 소홀하다. 엄마는 대부분 자신의 모든 것을 포기하고라도 아이에게 집중해야 한다고 생각한다. 그러나 그러면 안 된다. 아이보다는 엄마 자신에게 더 많은 시선을 집중해야 한다. 엄마의 감정이 잘 정돈되지 않으면 엄마의 부정적인 감정의 결은 고스란히 아이에게 전달된다. 그리고 아이의 자존감에 상처를 주게 된다. 엄마 자신의 감정을 잘 정리할 때 아이를 올바르게 키울 수 있고 긍정적인 영향을 미치게 된다.

엄마가 사회적인 기준이 아닌 자신의 여러 가지 경험 속에서 온전하게 자신의 감정을 잘 보살필 수 있기 바란다. 엄마이기 전에 온전한 나로서 자신의 감정을 잘 돌보고 적극적으로 표현하는 사회를 만들기 위해 더 많은 엄마가 목소리 내기를 마음 모아 기대한다.

- 6 -

아이를 훌륭하게 키워야 한다는 강박을 내려놓기

"아이를 훌륭하게 키워야 한다는
강박을 내려놓고 자유롭게 살아야 한다."

부모라면 누구나 자신의 아이를 훌륭하게 키워야 한다는 사명감을 가지고 살아간다. 아이를 훌륭하게 키우려면 부모가 교육 원칙을 잘 세워야 하고 일관성 있게 지켜야 한다고 생각한다. 그리고 아이를 위한 모든 일이 우선순위가 되어야 훌륭한 교육을 하는 부모라고 말하기도 한다. 부모는 어떠한 일이 있어도 아이들에게 분노를 표하지 말아야 한다고 다짐한다. 그것이 훌륭한 부모의 의무라고 생각하기 때문이다. 하지만 부모라고 모든 것을 완벽하게 하라는 법은 없다.

부모도 의도치 않게 실수할 수 있다. 화가 나면 화를 낼 수도 있고, 힘들면 힘들다고 말할 수 있다. 너무 힘들면 주저앉아 울 수도 있고, 하던 일을 멈추고 한숨 돌릴 수도 있다. 때로는 화가 나서 소리를 지를 수도 있고 감정을 제어하지 못해서 가슴 아픈 상처도 남길 수 있다. 부모가 아이를 훌륭하게 키워야 한다는 강박으로 힘들어한다면 오히려 역효과만 초래할 뿐이다.

아이를 키우는 일은 세상에서 무엇과도 바꿀 수 없는 소중한 일이다. 그러므로 부모는 세상에서 가장 고귀한 대접을 받아야 하고 아이를 키우는 일이 부담이 되어서는 안 된다. 그래야 아이를 키우는 일이 재미있고 행복할 수 있다. 만약 부모에게 아이 키우는 일이 부담으로 다가온다면 그 원인이 무엇인지 잘 생각해봐야 한다. 아이를 훌륭하게 키워야 한다는 강박관념이 생기지 않았는지 살펴보고, 그랬다면 어떻게 그 강박관념을 내려놓아야 할지 연구해봐야 한다.

지인 중 영이 언니가 있다. 영이 언니 남편은 2대째가 의사인 분이다. 남편의 부모님들은 손자도 의사를 만들어야 한다고 수시로 말씀을 하셨다. 영이 언니는 아이를 의사로 만들어야 한다는 부담감을 늘 지니고 살았다. 언니는 아이가 아주 어릴 때부터 집중적으로 공부를 시켰다. 아이의 공부를 위한 많은 정보를 얻었고, 그에 따른 노력을 아끼지 않았다. 언니의 그런 노력을 알기라도 하듯 아이는 엄마가 원하는 대로 불평 없이 공부를 잘했다. 아이는 초등학교 내내 1등을 했다. 어느 날 아이가 학교에서 울며 돌아왔단다. 언니는 깜짝 놀라서 무슨 일이냐고 물어봤더니 학교에서 시험을 봤는데 수학 문제 하나를 틀려서 우는 거라고 했다는 것이다. 그 정도로 아이는 공부를 열심히 했고 언니는 신나서 아이 뒷바라지에 모든 것을 투자했다.

아이는 중학교에 가서도 변함없이 학원과 과외를 겸하며 공부했고 역시 엄마의 기대를 어기지 않았다. 아이가 공부를 잘하면 엄마의 자존감도 높아지고 다른 엄마들의 부러움의 대상이 된다. 언니는 다른 엄마들의 부러움의 대상이 되는 것을 즐겼다. 엄마들과 모임도 만들고 공부 잘하는 아이들 엄마와 소통하는 재미에 푹 빠져 지냈다.

아이가 공부를 잘해서 외고에 입학하게 되었다. 아이가 외고에 입학하면서 문제가 생기기 시작했다. 아이가 다니는 학교에 다른 아이들 실력도 만만치 않았다. 아이는 최선을 다해 공부했지만, 1등을 하기는 무리였다. 아이는 점점 등수가 떨어지자 공부에 대한 의욕도 떨어졌다. 언니는 아이보다 몇 배 더 힘들어했다. 어떻게 하면 아이를 다시 공부에 열중하게 할 수 있을까 많은 고민을 했다. 그러나 아이는 마음을 추스르지 못했다. 결국 언니와 아이 그리고 시댁 어른들이 원하는 의대에는 들어가지 못했다.

언니는 아이를 의사로 키워야 한다는 강한 강박감을 가지고 살았다. 그 강박은 너무 오랜 시간 언니를 힘들게 했다. 그동안 자신의 강박으로 인한 수많은 노력과 희생과 시간이 물거품이 되어버리자 언니는 오히려 후련하다고 말했다. 아이를 훌륭하게 키워야 한다는 강박을 내려놓고 자유로워진 언니는 자신이 하고 싶었던 글을 쓰며 멋진 제2의 인생을 살고 있다.

부모가 아이를 훌륭하게 키우고자 하는 열정이 지나치면 아이는 큰 부담감을 느낀다. 아이는 부모가 원하는 것을 맞추기 위해 나름의 노력을 한다. 부모가 원하는 것 외에는 다른 것을 하지 않으려 한다. 다른 것을 할 필요를 못 느끼기 때문이다. 부모 또한 아이 못지않게 힘들다. 아이가 부모의 뜻을 따라오게 하려면 아이를 향한 많은 정성과 노력이 필요하기 때문이다.

부모는 아이가 자기의 뜻대로 잘 따라오지 않는다고 생각하면 아이를 통제해야 한다고 생각하게 된다. 그것이 부모의 역할이며 아이를 훌륭하게 키우려면 그렇게 해야 한다고 믿는다. 이러한 믿음은 아이에게 잔소리하거나, 무리한 성과를 원하기도 한다. 아이는 부모의 잔소리를 듣지 않으며 자기에게 원하는 성과를 이루려고 부단히 애쓰게 된다. 자기 스스로 판단과 결정을 할 틈 없이 훌륭한 사람이 되려면 부모의 뜻에 따라야 한다고 생각한다. 이러한 교육방법은 부모나 아이에게 결코, 좋은 결과를 가져올 수 없다.

아이가 어릴 때 유난히 공부에 관심을 보일 때가 있다. 책도 많이 읽고 모든 면에 호기심을 보이며 부모의 기대치가 올라가게 하는 시기가 있다. 나도 한때 '내 아이가 천재가 아닐까?' 하며 마음 부풀었던 시기가 있었다. 그런데 이런 시기는 아이가 자라는 과정 중의 일부분이다. 이 과정을 슬기롭게 잘 이끌어주면 아이는 공부의 즐거움을 알게 된다. 공부의 즐거움을 아는 아이는 엄마가 일부러 챙겨주지 않아도 스스로 공부의 방향을 잡아간다. 그러나 이 시기에 엄마의 욕심이 앞서면 아이에게 거는 기대감이 커지게 마련이다.

나에게 조언을 구한 엄마가 있다. 아이가 어릴 때부터 남다르게 공부를 잘하고 똑똑해서 아이에게 거는 기대감이 컸다고 한다. 엄마는 아이가 이대로만 잘 해주면 훌륭하게 성장하게 될 것이라고 했다. 엄마는 아이에게 공부에 대한 압박감을 주지는 않았다고 했다. 아이가 공부를 좋아하다 보니 공부에 관련된 책이나 학습지를 사주고 함께 문제도 풀어보면서 아이가 공부를 잘할 수 있는 환경을 만들고자 노력했다고 한다.

아이가 공부를 재미있어 하고 좋아하니 아이의 기를 살려주기 위해서 칭찬도 자주 해주셨단다. 칭찬하면 아이가 더욱 잘할 것이라는 생각 때문이었단다. 아이가 힘들다고 하면 공부 그만하고 쉬게 해주었다고 한다. 엄마는 나름 아이의 상태에 따라 적당한 수준에 맞는 공부를 하게 해주었다고 생각했단다. 엄마는 아이가 좋아서 공부하는 것이라고 굳게 믿으셨단다.

그런데 문제가 생겼다. 아이가 학교에서 시험 볼 때 다른 아이 시험지를 몰래 훔쳐보다 선생님께 걸린 것이었다. 다행히 처음이라서 선생님이 용서해주셨지만, 엄마의 실망은 너무 컸다. 엄마는 나에게 도움을 요청했고 나는 아이와 이야기해보았다. 아이와 이야기를 해본 결과 아이는 엄마가 좋아하니까 공부를 하게 되었단다. 엄마의 생각과는 전혀 다르게 아이는 결국 자기가 공부를 잘해서 성적이 좋으면 엄마가 행복해하니까 엄마를 행복하게 해주고자 하는 마음이 컸단다. 공부를 잘하면 엄마가 훌륭한 사람이 될 거라고 칭찬을 많이 해주니까 칭찬받고 싶은 마음도 컸다. 결국, 아이가 좋아하던 공부는 엄마가 좋아하니까 해야 하는 '일'이 되어버린 것이다. 아이는 공부에 대한 부담감에 점점 스트레스를 받게 되었고 엉뚱한 방법으로 그 힘든 상황을 표출한 것이었다. 만일 엄마가 아이의 잘못된 문제를 빨리 해결하지 않았다면 아이는 자기가 가장 좋아하는 일에 대한 흥미를 잃었을 테고 더 큰 문제로 나타날 수도 있었을 것이다.

부모는 아이를 훌륭하게 키우고자 엄청난 노력을 한다. 하지만 그 노력이 아이만을 위한 것인지, 아니면 아이에 대한 큰 기대치의 부담감에서 오는 노력인지 살펴봐야 할 필요가 있다. 아이는 부모가 훌륭하게 키우고자 한다고 해서 그렇게 되는 게 아니다. 그냥 아이가 좋아하는 것을 인정해주고, 도움을 요청하면 도와주고, 곁에서 아이가 결정하는 것을 지켜보며 격려해주면 된다. 그러다 보면 저절로 훌륭하게 자라게 된다.

이제는 부모가 아이를 훌륭하게 키우려고 힘들어하지 않았으면 좋겠다. 아이를 훌륭하게 키우려고 너무 많은 시간과 돈을 투자하지 말아야 한다. 아이들을 훌륭하게 만들겠다는 강박을 벗어버리고 좀 더 자유롭게 자신의 삶을 즐기며 사는 것이 아이를 잘 키우는 방법일 수 있다.

- 7 -

다른 아이와 비교하지 말고 내 아이에게 집중하기

"아이들은 각자 다르다는 것을 인정하고
내 아이에게 집중하면 비교하지 않게 된다."

"너는 항상 그게 뭐냐? 형 반만이라도 해봐라!"
"영수가 이번에 1등을 했대. 영수 엄마는 너무 좋겠다."

부모들이 아이를 키우면서 가장 흔하게 실수하는 말이다. 내 아이를 다른 아이와 비교하는 언어다. 이웃집 아이와 비교를 하고 친구나 형제들 간에도 비교하는 말을 생각 없이 하는 경우가 많다. 부모가 은연중에 자신의 아이를 다른 아이들과 비교하는 말을 하면 아이에게는 평생 큰 상처로 남을 수 있다. 어떤 아이들은 어른들과 있을 때, 계속 눈치를 심하게 보는 경우가 있다. 평소엔 그렇지 않다가도 어른들과 함께 있는 자리에서 뭔가 더 소심해지고 위축되는 모습을 보인다. 그런 경우에는 대부분 부모님으로 인해 비교당한 경험이 있어서 어른들의 눈치를 보게 되는 것이다. 사실 사람들은 누구든지 알게 모르게 자신과 남을 비교하며 산다. 그렇게 했을 때, 만족감을 느끼기도 하고 속상함을 느끼기도 한다.

엄마들이 아이를 키울 때 가장 흔히 하는 것이 같은 또래의 아이들과 자기 아이를 비교해서 바라보는 것이다. 다른 아이들과 비교하지 않고 키워보겠다고 다짐을 하지만 그 다짐은 오래가지 않는다. 가장 처음으로 아이를 비교하는 것이 영유아 검진 때이다. 영유아 검진을 받으면 아이 발달 과정에 대한 수치가 나와 있는 수첩을 받게 된다.

엄마는 그 수첩에 기록되어 있는 평균 수치와 내 아이의 수치를 비교한다. 만약 수치가 높게 나오면 안심하지만, 수치가 낮게 나오면 걱정을 하게 된다. 이 걱정은 스트레스로 변하며 엄마와 아이를 힘들게 하는 원인이 되기도 한다. 아이를 평균 이상으로 키워야 한다는 생각에 아이에게 무리하게 음식을 먹이거나 발달 과정보다 벅찬 운동을 시키기도 한다. 이렇게 무리한 상황이 계속되면 오히려 아이의 발육에 좋지 않은 영향을 미치게 될 수도 있다. 물론 내 아이가 다른 아이들보다 더 건강하고 더 잘 자랐으면 좋겠다는 마음에서 비교할 수는 있다. 그러나 비교의 말과 행동이 반복되면 아이 앞에서도 생각 없이 말과 행동을 하게 될 수 있다. 이러한 비교는 아이가 점점 자라면서도 계속된다. 아이가 걷는 것, 말하는 것, 글자를 읽을 수 있는 것, 키가 크고 작은 것도 비교의 대상이 된다. 그러다 아이가 학교에 입학하고 본격적인 공부를 하게 되면 비교의 범위가 더 넓어진다.

내 아이는 어느 정도의 성적을 유지해야 한다는 기대치를 만들어놓고 아이를 바라본다. 그렇게 만들어놓은 틀에 아이를 맞추려고 다른 아이들과 비교하는 말을 서슴없이 하는 부모도 있다. 아이가 자극받아서 더 잘하라고 하는 말이라고 변명을 하면서 말이다.

아이는 나름대로 성장하는 수준이 있다. 좀 더 빠른 아이도 있고 조금 느린 아이도 있다. 공부도 마찬가지다. 같은 것을 같은 시간에 배워도 누구는 조금 더 빨리 이해를 하고 누구는 더디게 이해를 한다. 누가 빨리 받아들이고 늦게 받아들이고는 그 아이의 이해 수준에 달려 있지, 다른 아이와 비교해서 해결되는 것이 아니다. 아이가 잘 자라길 원한다면 아이의 모습 그대로 바라보는 것이 우선이다. 아이들이 어울려 놀다 보면 다투고 우는 경우가 있다. 아이들이 밖에서 다투고 울며 들어오면 엄마는 속이 상한다.

“오늘은 또 무슨 일로 우는데?”

“친구가 내가 맡은 그네를 뺏고 ‘저리 가!’ 하고 나를 떠밀었어요.”

“그걸 왜 뺏겨! 네가 징징거리고 우니까 뺏기는 거지.”

“네 동생 좀 보고 배워라. 네 동생은 아무한테도 안 지잖아. 네 동생 반만 따라서 해라, 제발!”

“그 친구가 나보다 힘이 센데 어떻게 해요. 엉엉!”

“네가 바보같이 당하고 울고 들어오면 엄마가 얼마나 속상한지 알아? 안 되는 건 안 된다고 말을 해야지 자꾸 우니까 만만하게 보고 그러는 거야!”

아이는 엄마의 화나는 모습도 무섭고 동생과 비교하는 말도 싫고, 자기를 안아주고 위로해주지 않아서 더 위축되고 외로운 감정을 느끼게 된다.

엄마는 주눅이 들어 있는 아이의 모습에 더 화가 나서 야단을 친다. 아이는 친구한테 당한 것도 서러운데 엄마마저 자기편이 아니라고 생각한다. 아이는 점점 자신감이 떨어지고 자기의 의견을 제대로 상대방에게 전달하지 못하는 소심한 아이로 변하게 된다. 아이의 마음이 소심해지면 친구에게 많은 것을 양보하고도 그 친구의 눈치를 보게 된다. 자기의 물건을 친구가 마음대로 가져가도 싫다 소리 못하고 속으로만 끙끙 앓는 경우가 많다.

이렇게 아이가 제대로 표현하지 못하고 불만이 쌓이면 자기보다 약한 동생이나 친구에게 공격적인 행동을 할 수가 있다. 이렇게 마음이 약하고 소심한 아이는 엄마가 야단치기보다는 아이를 꼭 안아주고 아이의 감정을 잘 읽어주는 말을 해주어야 한다. 아이의 용기를 북돋아주고 자신감을 키워주는 말을 해야 한다. 아이의 감정을 잘 파악하고 자신감을 가지게 해주려면 아이를 비교하지 말고 아이의 감정에 집중해주는 것도 좋은 방법이다.

딸아이는 학교에서 있었던 일을 재잘재잘 이야기하는 것을 좋아한다. 눈을 마주치고 들어주면 시간 가는 줄 모르고 떠든다. 아이가 한참 신나서 이야기하고 있을 때 아들이 들어오며 이야기에 끼어들면 나는 아들의 말을 들어준다.

"엄마는 내 말은 안 들어주고 오빠 얘기만 들어?"

"너랑은 아까부터 이야기했잖아, 오빠는 지금 왔으니까 오빠 얘기도 들어줘야지."

"그런데 내 말이 아직 안 끝났잖아. 내 말 다 들어주고 나서 오빠 말을 들어줘야지!"

"네 말보다 오빠 말이 더 중요해서 그래."

"엄마는 맨날 오빠만 중요하대. 나는 하나도 안 중요하지? 엄마 미워!"

나는 아이들을 차별하지 않고 키우려고 노력하지만, 그것이 잘 안 될 때가 있다. 생각 없이 나오는 말이 아이의 마음을 상하게 하는 경우가 많다. 나는 서로 비교하지 않고 키운다고 생각하는데 받아들이는 아이들은 서로 비교한다고 말한다.

딸아이는 유독 엄마는 오빠만 좋아한다고 말한다. 나는 아니라고 말하지만 딸아이의 말이 조금은 맞다. 큰아이는 내가 엄마로서의 모든 경험을 처음으로 겪었기 때문에 각별한 마음이 생기는 게 당연하다. 큰아이를 통해서 일차적으로 경험을 하게 되니, 둘째 아이는 수월하게 키울 수 있는 것이다. 이런 차이에서 둘째 아이는 엄마가 오빠에게만 신경을 써 준다고 생각하게 되는 것 같다.

대부분 동생 또는 오빠나 언니, 형이나 누나를 싫어하는 경우를 보면 부모님의 행동에서 영향을 받은 경우가 많다. 부모님들이 큰아이 혹은 동생이 더 착한 말이나 행동을 했을 때는 자신도 모르게 그 아이만 칭찬하거나 형제들과 비교하는 듯한 말을 할 수 있다. 이런 말들을 들으면서 자란 아이는 자신과 관련된 이야기들을 유독 집중해서 듣는다. 그리고 비교당하는 대상에 대한 미움을 갖게 된다. 그러므로 부모는 절대 아이를 비교하지 말아야 한다. 아이들이 서로 다르다는 것을 인정하고 각자에게 집중하면 비교하지 않게 된다.

아이들은 각자 다른 특성과 기질을 가지고 있다. 아이를 다른 아이들과 비교해서 바라보면 아이가 가지고 있는 좋은 특성보다는 아이에게 부족한 특성에 더 신경을 쓰게 된다. 내 아이를 잘 살펴보고 아이가 좋아하는 것, 아이가 흥미를 느끼는 것, 아이가 잘해내는 것에 대하여 집중해보기 바란다. 그렇게 아이가 가진 특성을 잘 받아들이고 격려해주다 보면 아이는 부모의 좋은 조언을 통하여 자존감도 향상되고 부모와의 관계도 좋아질 것이다.

- 8 -

부모 자신이 가진 열등감에서 벗어나라

"열등감에서 벗어나려면 부정적인 생각과 행동을 그만하기로 자신과 약속해야 한다."

행복한 가정은 비슷비슷한 이유가 있지만, 불행한 가정은 각각의 이유가 있다.

— 톨스토이, 『안나 카레리나』

누구나 조금씩 숨기고 싶은 결점이 있다. 그러나 사람들은 자신의 결점을 인정하지 않으려 한다. 그런데 결점을 숨기려고 하면 그 결점은 점점 더 커지게 되고 다른 사람들과의 관계에서 자신의 결점이 드러날까 봐 염려하게 된다. 그 결점은 열등감으로 나타나고 그것은 원활한 대인관계의 걸림돌이 되어 자신을 괴롭히게 된다.

열등감이 심한 부모는 아이가 친구들과의 관계에서 문제가 생기거나 학교성적이 떨어지면 아이를 나무란다. 그리고 어른들에게 겸손하지 못하거나 형제들 간에 지나치게 자신의 욕심을 부리면 그런 모습을 창피하게 생각하고 아이를 혼내는 경우가 있다. 부모의 열등감은 아이에게 또 다른 열등감으로 나타난다. 부모는 아이가 잘 자라기를 바라는 마음으로 아이의 부족한 점을 지적한다. 하지만 아이의 입장에서는 그 지적이 전혀 도움이 되지 않는다. 오히려 아이의 자존감만 떨어지게 만든다. 그 결과 아이가 부모를 미워하게 되는 경우도 발생한다.

나도 한때 열등감이 심했다. 어린 시절에 부모와 함께 살지 못했던 것이 나의 가장 큰 결점이라고 생각했다. 그리고 엄마가 일찍 돌아가셔서 결손가정의 아이라는 것도 숨기고 싶었던 제일 큰 열등감이었다. 나는 이 열등감으로 친구들과의 관계를 깊이 있게 만들지 못했다. 겉으로는 친구들과 잘 어울려 지냈지만, 속으로는 아이들이 나를 부모님 없이 자라는 아이로 보면 어쩌나 하는 염려를 많이 했다. 고등학교 시절 나와 단짝으로 1년 동안 친하게 지낸 친구가 있었다.

그 친구는 부모님의 사랑을 듬뿍 받으며 자라서 쾌활하고 정이 많은 친구였다. 우리는 매일 함께 다니며 많은 시간을 같이 보냈다. 그 친구는 자기의 이야기를 나에게 많이 했다. 다정한 부모님 이야기, 친절한 언니 이야기 등 내가 부러워할 만한 많은 것을 가지고 있었으며 모든 것을 숨김없이 나에게 말했다.

그러나 나는 그 친구에게 나의 이야기를 솔직하게 하지 못했다. 나의 결점을 알게 되면 나랑 놀지 않으려고 할까 봐 겁이 났다. 그만큼 나는 그 아이가 좋고 부러웠다. 1년이라는 시간이 흐른 어느 날 그 친구가 나에게 할 말이 있다고 했다.

"다른 친구에게 들었는데 너희 엄마가 돌아가셨다며? 왜 나한테는 그런 말 안 했어?"

나는 갑자기 가슴이 콱 막히는 기분이 들어서 아무 대답도 못 했다. 어떻게 말을 해야 할지 몰랐다. 그 친구는 나와 친했던 만큼 실망이 컸던 것 같다. 내가 걱정했던 대로 그 친구를 나에게서 멀어지게 만들었다. 나는 지금도 엄마에 관한 이야기를 다른 사람들에게 잘 안 한다. 열등감 때문이 아니라 그냥 하고 싶지가 않기 때문이다. 너무 일찍 돌아가신 엄마가 안쓰럽고, 엄마 이야기를 하면 눈물이 나오기 때문이다.

나의 이런 열등감은 한동안 나를 괴롭혔다. 학교생활은 물론 사회생활에서도 나는 열등감으로 힘들었다. 다른 사람들과의 관계에서도 보이지 않는 선을 그어놓고 그 선을 넘는 사람을 정말 싫어했다. 그리고 진실하게 내 마음을 열지 못하니 사람들도 나와 가깝게 지내려 하지 않았다. 설사 가까운 사이가 되었더라도 어느 시점이 되면 내가 그 관계를 부담스러워했다. 이렇다 보니 나는 늘 외로웠고 사는 일에 의욕이 없었다. 그러던 어느 날 내가 '내가 왜 이러지? 이러면 안 되는데'라는 생각이 내 머리를 스치고 지나갔다. 그날부터 나는 이 열등감에서 벗어나려고 노력하게 되었다. 많은 시간을 투자해서 여러 가지 방법을 통해 나는 마음공부에 집중했다. 그래서 내가 얻은 결론은 내가 남보다 못났다고 생각하는 안경을 끼고 세상을 바라보았다는 것이었다. 그냥 그 안경을 벗으면 되는데 그 방법을 몰랐던 것이다.

나의 감정을 솔직하게 이야기하면 되는데 자꾸 숨기려 하니까 문제가 되는 것이다. 그 후로 나는 마음이 편해졌고 감정을 숨기지 않고 말할 수 있게 되었다. 나는 아이들을 키우면서 나의 이런 결점이 아이들에게 나쁜 영향으로 전해질까 봐 조심하며 살았다. 아이들에게 좋은 엄마가 되고 싶은 마음 컸기 때문이다. 나의 이런 열등감이 다행히 아이들에게는 전해지지 않은 것 같다. 나의 아이들은 친구 관계나 사회생활에서 사람들과 너무도 잘 어울려 지내고 있다.

부모는 자신의 열등감이 아이가 성장하는 데 어떠한 부정적인 영향을 주게 되는지 생각해봐야 한다. 그것은 부모가 경험한 삶의 방식에서 얻은 잘못된 가치관으로부터 시작된다.

사람은 누구나 성공하기를 소망하며 인정받기 원한다. 아이를 키우는 부모 또한 한 사람으로서 자신의 부모에게 인정을 원했을 것이다. 그러나 가정 형편상, 또는 부모의 과격한 성격으로, 혹은 건강문제나 그 밖의 많은 요인으로 결핍을 경험해야 하는 경우가 발생한다. 경제적 어려움으로 원하는 만큼 공부를 못한 부모들은 학업에 열등감이 있을 것이다.

예전에는 맏이가 돈을 벌어서 동생들 학업 뒷바라지를 하는 경우가 많았다. 그런 과정에서 나름의 상처를 받은 사람들이 있다. 이러한 상처는 열등감으로 마음 한가운데 자리를 잡게 되었고, 누구에게도 표현하지 못하며 살아온 경우가 많다. 그래서 자녀만큼은 자신과 같은 열등감을 주지 않기 위해 자녀의 공부에 신경을 쓰게 된다.

내 친구도 중학교를 마치고 가난한 부모님을 돕고 동생들 공부를 시키고자 서울로 돈을 벌려고 갔다. 서울의 어느 옷 만드는 공장에 취직했는데 그곳은 공장이라기보다는 창고 같은 공간에 재봉틀 여러 대 놓고 재봉질하는 곳이었다. 내 친구 또래나 그 위 나이대의 언니들이 온종일 옷감에서 나오는 먼지를 마시며 햇볕도 안 드는 공장에서 일했다. 친구는 공장에서 제공하는 숙소에서 생활하며 돈을 벌었다. 적은 돈이지만 그 돈을 알뜰히 모아서 부모님께 보내드리는 재미에 힘든 줄도 모르고 살았다고 한다.

몇 달에 한 번씩 친구가 집에 내려오게 되면 나에게 만나자고 연락이 와서 만났다. 그러면 친구는 공장에서 사람들과 지낸 소소한 이야기를 하는데, 나는 고등학교 다니면서 친구들과 지내며 공부하는 이야기를 하기 미안했다. 그래도 그 친구는 집에 올 때마다 내게 연락을 해왔고 나는 미안한 감정으로 그 친구를 만났다. 지금 생각해보면 별일이 아닌데 나는 그때 그 친구가 나로 인해 열등감을 가질지도 모른다는 생각에 미안한 감정을 가졌던 것 같다.

그렇게 나의 어린 시절에도 돈을 벌어 부모님을 돕고 동생들 공부시키려고, 아직 공부할 나이인데도 객지 생활을 하며 서러운 상처들을 가슴에 품고 살았던 친구들이 있다. 힘든 세월을 보낸 사람들은 자신의 서러움을 자녀들에게 물려주지 않으려고 안간힘을 쓰며 자식 교육에 힘을 쓰는 경우가 많다.

그 친구와는 그렇게 1~2년 세월이 흐르면서 만나는 횟수가 점점 줄어들었고, 지금은 어떻게 사는지 소식을 알 수가 없다.

부모가 자신의 열등감에서 벗어나려면 부정적인 생각과 행동을 그만하기로 자신과 약속해야 한다. 부정적인 사고는 습관으로 몸에 배어 있기 때문에 단기간에 고쳐지는 것이 아니다. 수시로 자신의 감정 상태를 들여다보기 위해 노력하고 습관을 한 가지씩 고쳐나가다 보면 새로운 습관이 자리 잡게 된다. 새로운 습관이 자리 잡으면 부모 자신의 인생 목표를 세우는 것이 좋다.

부모는 목표를 가지고 자신의 삶을 만들어가며 서서히 아이와의 삶을 분리해야 한다. 그래야 부모 열등감에서 탈출할 수 있다. 아이가 아무리 어리다 해도 순간순간 마주하는 삶 또한 아이의 인생이다. 부모는 아이의 삶에 대해 조언해줄 수는 있지만, 아이의 인생을 대신 살아줄 수는 없다.

아이를 잘 기르고 싶다면 아이를 걱정하기 전에 부모 자신의 열등감을 먼저 내려놓아야 한다.

진짜 나를 발견한 성공 사례

글짓기 천재, 정여민

〈마음속 온도는 몇 도일까?〉

"너무 뜨거워서 다른 사람이 부담스러워하지도 않고, 너무 차가워서 다른 사람이 상처받지도 않는 온도는 '따뜻함'이라는 온도라는 생각이 든다. 보이지 않아도 마음으로 느껴지고, 마음에서 마음으로 전해질 수 있는 따뜻함이기에 사람들은 마음을 나누는 것 같다."

정여민은 2015년도에 우체국에서 주최하는 전국 어린이 글짓기 대회에서 대상을 탔으며, 2018년도에 〈영재 발굴단〉에 소개된 당시 6학년 어린이였다. 여민이는 도시에 살았으나 엄마가 암에 걸려 엄마의 치유를 위해 산골에서 살고 있다. 논술 학원을 한 번도 다녀본 적 없는 아이가 오지 생활을 하며 느꼈던 점을 수필로 써서 대상을 받았다. 여민이는 아픈 엄마가 회복되기를 바라며 감성 깊은 내면의 시를 쓴다. 여민이는 하루의 많은 시간을 책을 읽으며 보낸다. 힘든 생각을 떨쳐버리기 위해 책을 읽고 글을 쓴다고 한다.

"엄마가 돌처럼 단단해져서 아프지 않았으면 좋겠어요."

엄마가 건강하기 바라는 마음이 간절하다.

- 5 장 -

진짜 나를 발견하는 아이로 키워라

- 1 -

진짜 나를 발견하는 아이로 키워라

"가슴 뛰는 일을 통해 자신의 내면에 있는
'진짜 나'를 발견하도록 이끌어주자."

우리나라에서는 '나'보다 '우리'라는 표현을 많이 한다. '우리 집', '우리 엄마', '우리 강아지' 등 '나'보다는 '우리'라는 단어를 더 많이 사용하고 있다. 이런 현상은 개인보다는 공동체를 중시하는 풍토에서 비롯된 것이다. 이런 풍토는 타인과의 관계에서도 공동체 안에 내가 속한다는 것을 가르치고 있다. 그리하여 어린 시절부터 '나'보다는 '우리'를 강조하게 교육받은 아이들은 나를 정확히 바라보는 것에 익숙하지 않다. 공부도 나를 위한 공부보다는 "우리 부모님을 기쁘게 해드리기 위해서 열심히 공부한다."라고 말하는 아이가 대부분이다. 이런 사회에서는 우리보다 나를 먼저 생각하면 이기적이라는 비난을 받기도 한다. 그러나 이제는 나를 먼저 생각하는 것이 강점이 되는 시대가 되었다. 세상의 흐름도 변하고 모든 사회구조가 복잡해지고 있다. 요즘은 1인 가족이 늘고 있다. 이에 따라 1인 주택, 식품, 가전제품 등 '나'를 중요하게 생각하는 문화로 변해가고 있다. 요즘은 1인 창업도 새로운 직업의 형태로 자리 잡아가고 있다. 이러한 변화에 대응하려면 우리보다는 나를 중요하게 여겨야 한다. '나'를 정확하게 알아야 시대의 흐름에 맞추어 살아갈 수 있다. 이제는 미래의 아이들을 위해서 진짜 나를 발견하는 방법을 연구하고 아이에게 그 방법을 알려주어야 할 때다.

〈영재 발굴단〉이라는 TV 프로그램을 통해 이소은을 알게 되었다. 이소은은 중학교 때 가수로 데뷔했고, 고려대 영어영문학과를 졸업, 미국 시카고 노스웨스턴 로스쿨에 진학해 뉴욕 로펌에서 변호사로 근무하다가 현재는 국제상업회의소 국제 중재법인 뉴욕지부에서 부의장으로 일하고 있다. 그녀의 언니인 이소연은 줄리어드 음대에서 8년간 전액 장학금을 받으며 여러 콩쿠르에서 수상하고 뉴욕시립대 대학원에서 음악 박사 학위 취득, 현재는 신시내티음대 종신교수로 일하며 연주 활동을 겸하고 있는 세계적인 피아니스트이다. 이소은의 부모는 두 딸을 어떻게 이렇게 훌륭하게 키워낸 것인가? 어떠한 특별한 비법이 있는 것일까 궁금하다. 이소은의 아버지인 이규천은 '이걸 해라, 저걸 해라!' 한 적도 없고, '하지 마라!' 한 적도 없는 방목 육아를 했다고 한다. 딸들이 뭘 하고 싶다 했을 때 '그럼 아빠가 뭘 해줄까, 뭘 도와줄까?'라는 정도만 간섭했다고 한다. 그리고 노력에 비해 결과가 실망스러워 아이가 좌절하며 괴로워할 때 주로 해준 말은 "Forget about it."(그냥 잊어버려라)였다고 한다. 이 정도는 많은 부모가 하는 노력이다. 요즘 부모들은 자식의 일이라면 두 발 벗고 나서서 같이 공부를 하고 아이의 내신이나 학생부 종합전형 준비도 같이 해주는 등 아주 적극적이고 대단하다. 그러면 그들이 이 소은의 아버지보다 못한 건 아닐 텐데 무슨 차이가 있는 걸까? 그것은 부모와 자녀가 정서 교감이 이루어졌는가, 아닌가의 차이라고 한다. 아버지와 자녀의 정서 교감이 이루어지면 이런 아이들은 좌절을 견디고 극복하는 힘도 강해진다는 연구 결과가 있다. 이렇게 역경을 두려워하지 않는 아이들은 새로운 것을 도전하는 것을 두려워하지 않는다. 한 번 실패했다고 포기하는 법이 없다.

아이를 키우다 보면 대화와 설명이 통하는 아이가 있는가 하면, 어느 정도 강제성이 필요한 아이도 있다. 그럴 때는 즉시 아이의 타고난 결이 어떤가를 가늠할 수 있도록 관찰이 필요하다. 아이들은 서로 다른 인격체이고 각자의 방식으로 엄마 아빠의 관심과 사랑이 필요할 뿐이다. 나는 아이가 본성에 따라 하고 싶은 것을 하도록 환경을 조성해주는 것이 양육의 핵심이라고 생각한다.

— 이규천, 『나는 천천히 아빠가 되었다』

자녀의 성공에는 부모의 영향이 크게 작용하는 경우가 많다. 이소은의 아버지처럼 자녀가 자신을 찾아가는 과정에서 관심과 사랑으로 아이가 진짜 자신을 발견할 수 있는 환경을 조성해주는 것이 중요하다.

진짜 나를 발견한다는 것은 깊은 내면의 대화를 통해서 이루어지는 자기 일치와 같은 것이다. 자기 일치가 잘 이루어지면 자신의 감정을 잘 다스리게 된다. 이러한 감정들의 변화가 바른 인성으로 아이를 자라게 하는 원천이 된다. 바른 인성으로 다져진 아이는 진정한 자기와의 만남을 이루어 낼 수 있다. 이러한 과정을 거치면 진짜 나를 발견하는 아이로 키울 수 있다. 진짜 나를 발견하려고 노력하는 아이 중에 김상언이 있다.

상언이에게 공부란 '독서와 체험'이다. 상언이는 초등학생 때부터 집에서 공부한 홈스쿨러다. 초등학교에 입학했지만, 부모와 함께하는 시간을 너무 좋아하는 것을 보고 아빠 김시영 씨와 엄마 신은정 씨는 집에서 상언이를 직접 가르치기로 마음먹었다. 마침 두 사람은 학원을 운영하며 다른 학생들을 가르쳤기 때문에 어느 정도 자신도 있었다.

초등학교 저학년 때는 매일 강가에 가서 물고기를 잡고, 들판에서 뛰어놀았다. 조금 시간이 지나서는 승마와 피아노 등 흥미 있는 예체능 활동을 주로 했다. 초등학교 6학년이 됐을 때는 학교생활도 해보고 싶다는 상언이의 바람대로 다시 학교에 들어갔다. 오랜만에 간 학교는 그 나름대로 재미있는 곳이었다. 공부도 열심히 해서 성적도 잘 나오는 편이었다. 중학교 1학년 생활을 하던 중 상언이는 조금 다른 방식의 공부를 하고 싶었다. 그래서 다시 홈스쿨러가 되었다. 상언이에게 공부는 독서와 체험이라는 의미였다. 영어공부를 했다면, 영어 회화를 하기 위해 주말에 국제 행사가 열리는 해운대 벡스코에 가서 외국인에게 말을 거는 식이었다. 여러 국제 행사 중에 유학 박람회는 영어공부를 하기에 가장 좋은 행사라고 귀띔했다. 국제 전시행사가 열리면 행사 주제에 대해 미리 공부해서 행사장 부스를 돌아다니며 대화를 나눴던 것이 영어공부에 큰 도움이 됐다.

사업가가 꿈인 상언이는 경제에 특히 관심이 많다. 상언이가 공부하는 방식은 책을 위주로 하는 것과 달리 직접 은행과 증권사를 찾아다니며 살아있는 지식을 습득하는 것이었다. 제일 효과적인 방법은 적립식 펀드 통장을 만들어 상품을 상담하면서 배웠던 것들이다. 경제적 이슈가 발생하면 국내외 경제에 대한 견해를 은행이나 증권사 직원에게 물어보고 직접 투자 종목을 골랐다. 또 각종 펀드 리플릿을 가져와 경제 용어와 개념을 익혔다. 2006년부터 모은 펀드 리플릿을 보니 그동안 유행했던 펀드와 경제 흐름을 파악하는 데 큰 도움이 됐다. 경제 공부를 하다 보니 자연스레 돈에 관심을 기울이게 됐고, 그러다가 돈에 그려진 인물이 궁금했다. 그 인물을 찾아서 공부하다 보니 자연스레 한국사와 세계사 공부도 할 수 있었다. 최근에 상언이는 자신이 모은 화폐와 그 속에 그려진 인물에 얽힌 역사적 이야기를 풀어놓은 『화폐 속의 역사, 팝』이라는 책을 내기도 했다.

– "홈스쿨링, '부모 욕심 버리고 아이를 믿으며 즐겁고 재미나게'",
〈부산일보〉, 2012.02.17.

진짜 나를 발견하는 아이는 자신의 내면에 눈길을 주고 어떤 분야든 목숨 걸고 하고자 하는 일과 하나가 되어 꿈을 이룬다. 꿈을 찾기 위해서는 끈질긴 질문의 시간이 필요하다. 나의 가치가 무엇인지 스스로 찾고 노력하는 시간을 가져야 한다. 아이들의 영혼 깊은 내면에는 끊임없이 자기가 누구인지 발견하려는 욕구가 숨겨져 있다. 자신의 가치를 발견하고 진정한 자아와 만날 때 자신이 이 세상에 태어난 특별한 이유를 알게 된다.

진짜 나를 발견한 아이는 자신의 가치를 알기 때문에 다른 사람의 감정과 자신의 감정을 일치하는 법을 안다. 그리하여 다른 사람에게 좋은 에너지를 주어 타인을 끌어들이는 힘을 가진다. 이러한 힘은 '진짜 나'에서 비롯된다. 아이가 깊은 사색의 시간을 통해 자신의 내면에 있는 '진짜 나'를 발견하도록 이끌어주자.

- 2 -

공감하고 배려하는 마음을 가르쳐라

"공감과 배려하는 마음을 표현하는 방법으로
타인의 어려움을 헤아리게 하는 것도 좋다."

아이들은 태어나면서부터 엄마의 목소리나 표정을 통해서 엄마의 감정을 전달받는다. 엄마와 대화할 때 나타나는 음색에 따라 아이들은 엄마의 감정이나 분위기를 알아차리기도 한다. 친구나 형제들과의 놀이를 통해서 서로의 감정을 이해해나간다. 아이가 자라서 학교에 들어가면 단체생활을 통해서 다양한 상황을 겪으며 자신의 감정을 조절하게 된다. 이러한 과정들은 다른 사람의 마음을 인지하고 이해하며 상대의 감정을 공감해가는 사회인지의 발달 과정이다.

다양한 경험으로 공감 능력이 만들어지면 아이는 그 안에서 다른 사람을 공감하고 배려하는 사람으로 성장한다. 공감한다는 것은 다른 사람의 상황과 기분을 이해한다는 것이다. 우리가 다른 사람들의 고생한 이야기를 듣거나 영화를 보면서 나도 모르게 눈물을 흘리게 되는 것은 '정말 슬프겠다, 너무 힘들겠다.'와 같이 공감하는 마음이 들기 때문일 것이다.

이러한 공감 능력은 '나는 당신의 상황을 알고, 당신의 기분을 이해한다.'처럼 다른 사람의 상황이나 기분을 같이 느낄 수 있는 능력을 말한다. 이러한 능력이 갖추어지면 다른 사람을 배려하는 마음이 저절로 들게 마련이다. 그렇다면 아이들은 과연 언제부터 어떻게 상대의 마음을 이해하기 시작하는 것일까?

내가 만난 아이 중에 서윤이라는 아이가 있다. 서윤이를 처음 만났을 때 아이는 나를 만나는 것에 거부감을 보였다. 아이는 나와 마주하기를 싫어했고 엄마 뒤에 숨어서 나오려 하지 않았다. 나는 서윤이 엄마와 미리 이야기를 나눈 상태라서 아이가 낯을 익힐 때까지 기다리고 있었다. 그리고 미리 준비한 장난감 선물을 꺼내놓았다. 아이는 한동안 엄마 뒤에서 우물쭈물하더니 장난감이 궁금해서 못 견디겠다는 듯 슬그머니 내 옆에 와서 앉았다. 그리고 장난감과 나를 번갈아 보았다.

"이거 서윤이 주는 선물이야."

"정말요? 열어봐도 돼요?"

"응, 이제부터 네 장난감이니까 네 마음대로 해도 돼."

"우와~ 이거 내가 좋아하는 장난감인데, 어떻게 알았어요?"

"그래? 나도 이 장난감 좋아하거든. 서윤이도 좋아한다니 정말 다행이네."

"어른들도 이런 장난감 갖고 놀아요?"

"그럼! 어른들도 이 장난감 좋아하는 사람 많아. 나랑 같이 놀까?"

"좋아요!"

이렇게 서윤이와 나는 함께 생활하게 되었다.

서윤이와 함께 살기 시작하면서 제일 어려웠던 부분은, 아이가 밥을 잘 먹으려 하지 않는 것이었다. 밥을 잘 먹지 않으니 기운이 없고 매사에 짜증을 내기 일쑤였다. 밥 먹을 시간이 되면 식탁에 앉아서도 장난만 하고 제대로 먹을 생각을 하지 않았다. 며칠 동안 지켜봤는데 아이는 매번 밥 먹는 것이 고역인 것처럼 느껴졌다. 그렇다고 군것질을 좋아하지도 않았다. 어느 날 내가 서윤이에게 물어보았다.

"서윤아, 밥먹었어? 뭐 먹고 싶은 것 있으면 말해봐. 맛있게 해줄게."

"아니요 괜찮아요. 밥 먹는 거 싫어요."

"그래? 밥 먹는 게 왜 싫어?"

"밥 다 먹는 거 싫다고요!"

"그렇구나. 밥은 다 안 먹어도 돼, 네가 먹고 싶은 만큼만 먹고 남겨도 괜찮아."

그러자 아이가 나를 빤히 쳐다보았다. 정말 그래도 되냐는 눈빛이었다. 아마도 아이가 밥을 다 먹어야 한다는 강박에 시달린 듯했다. 아이들이 마음의 문을 닫게 되는 것은 아주 작고 사소한 것일 수 있다. 아이와 공감이 되지 않은 상태에서 어른들의 일방적인 요구가 아이의 마음까지도 닫게 하기도 한다. 어른들은 생각 없이 아이들에게 자신의 신념을 주입하기도 한다. 아이의 감정이나 의견을 존중해주기보다는 어른이라는 이유로 아이를 일방적으로 대할 때가 많다. 아이는 일방적으로 강요하는 어른을 이겨낼 수가 없다. 그래서 마음에 상처가 생기고 그것이 커지면서 병이 되기도 한다.

서윤이는 그 이후로 조금씩 밥을 먹기 시작했다. 한 숟가락을 먹든지, 두 숟가락을 먹든지 아이가 다 먹었다고 하면, 나는 "그래 잘 먹었네~" 하며 상을 치웠다. 그렇게 아이가 부담 갖지 않게 조금씩 천천히 아이에게 모든 것을 맞추어주려고 노력했다. 서윤이를 돌보기 시작해서 3개월쯤 지나자 서로 마음이 충분히 맞아 떨어진 듯한 느낌이 들었다. 아이들은 서로 공감하는 마음이 커지면 그 이후로는 갇혀 있던 자기의 내면에서 벗어나 다른 것에 호기심을 가진다. 그리고 상대방을 배려하는 법도 배우게 된다. 마음이 가벼워진 서윤이의 호기심은 밖으로 향했다. 서윤이와 나는 시간 나는 대로 집 근처 공원에 놀러 갔다. 그곳에서 우리는 솔방울을 누가 더 많이 줍는지 시합도 하고, 운동기구에서 윗몸 일으키기를 더 많이 하는 사람이 아이스크림 사주는 내기도 했다. 그렇게 재미있고 즐겁게 시간 가는 줄 모르고 놀았던 기억이 아직도 생생하다.

공감이란 상대방을 알고 이해하거나 타인이 느끼는 상황 또는 기분을 경험하는 마음의 현상이다. 부모는 아이를 키우면서 아이가 똑똑하고 건강하게 자라기를 바란다. 그리고 언어, 정서, 배려, 사회성 등 모든 영역에서 원만하게 잘 자라주었으면 좋겠다고 생각한다. 그리하여 아이가 부족함을 느끼지 않게 해주고 싶어 한다. 그중에서도 공감과 배려심을 잘 길러주고 싶은 부모들이 많다. 그 이유는 아이가 자라면서 여러 사람과 관계를 맺으며 살아야 하기 때문이다. 또한, 아이들이 일상에서 자주 접하게 되는 문제들 속에 다른 사람들과의 관계가 많은 자리를 차지하고 있기 때문이다. 다른 사람을 배려하고 이해하고 공감하는 마음은 아이의 내면에서 자연스럽게 나오는 것이다. 그것은 생각으로 배우고 익히는 마음이 아닌, 다양한 체험과 깊은 공감이 함께 어우러진 상태에서 나오는 현상이다. 그것은 상대방과 아이가 서로 진심으로 소통할 때, 저절로 본능적으로 나온다. 모든 순간 가장 최선의 행동과 선택을 아주 자연스럽고 능수능란하게 할 수 있도록 아이의 내면에서 흘러나오는 것이다.

공감하거나 배려하는 마음은 옳고 그름의 올바른 판단 없이 다른 사람들의 관점에 무조건 동의하는 것이 아니다. 다른 사람의 상황을 인정하는 것과 자신이 그 상황에 동조하는 것은 다르다. 나와 타인 둘 다 존중하는 것이 올바른 공감과 배려다. 아이에게 공감과 배려를 키우게 하는 좋은 방법은 다양한 감정에 노출되어 경험하고 소통하게 하는 것이다. 그래서 부모는 아이가 경험하는 모든 일에 함께 소통할 수 있게 해야 한다. 이런 공감과 배려를 아이들이 이해하고 표현할 수 있도록 자유로운 소통 공간을 마련하는 것이 중요하다.

아이들이 공감하고 배려하는 마음을 표현하는 방법으로 다른 사람의 어려움을 헤아리게 하는 것도 좋다. 어려운 상황에 있는 사람들을 돌아보고 그 상황에 공감하고 베풀 수 있는 마음을 갖도록 배려의 행동을 가르쳐야 한다. 내 아이만 잘되기를 바라는 것이 아니고 다른 아이들도 함께 돌아볼 수 있는 여유로운 마음을 아이들에게도 보여주어야 한다. 부모가 먼저 주위를 돌아보고 어려운 사람들에게 공감하고 진정으로 베풀 수 있을 때 아이들도 공감 능력과 배려심을 키울 수 있다.

- 3 -

기분이나 생각을 자유롭게 표현하도록 가르쳐라

"자기를 자유롭게 표현하는 일은
아이가 미래를 살아가는 데 반드시 필요한 능력이다."

"아이들에게 '안 돼!'라고 자주 말하는 것은 아이들 내면에 공포심을 심어주는 것과 같아요. 처음부터 공포심을 가지고 태어나는 아이는 없으며, 본능적인 호기심으로 주변의 모든 것에 완전히 마음을 여는 게 아이들이기 때문이죠."

– 헬레 네벨롱(세계적인 놀이터 설계자)

아이들은 자신의 기분과 생각을, 언제 어디서나 자유롭게 말할 수 있어야 한다. 아이가 행복하려면 자신의 기분과 생각을 자유롭게 표현할 수 있어야 한다. 자신의 기분이나 생각을 자유롭고 자신 있게 표현할 수 있는 아이는 삶이 행복할 수밖에 없다. 아이가 표현을 잘하는 아이로 자라기 위해서는 자기의 생각을 말로 표현할 수 있어야 한다. 자신의 기분과 생각을 자유롭게 말하려면 많은 연습이 필요하다.

지금의 부모 세대는 자기의 생각을 표현하기보다 남의 생각을 듣고 받아들이는 교육에 익숙하다. 그래서 부모들은 아이에게 "학교 가서 선생님 말씀 잘 듣고 와."라고 말한다. 말을 잘 듣는 것을 중요하게 생각하던 시대였다. 궁금한 것을 질문하면 "그것도 모르니? 왜 그런 걸 물어봐?" 하고 꾸중 듣기 일쑤였다. 핀잔을 받으면 부끄럽고 위축된 마음에 다시는 질문을 하지 않게 된다. 그래서 자신의 기분과 생각을 자유롭게 표현하지 못하는 경우가 많았다.

이제는 시대가 변해 자신의 기분이나 생각을 정확하게 표현하는 것이 중요해졌다. 자신을 자유롭게 표현하는 것은 아이가 삶을 살아가는 데 꼭 필요한 능력이 되었다. 아이가 언제 어디서나 자신의 기분과 생각을 표현할 수 있게 하려면 가정에서부터 자유롭게 말하는 분위기를 조성하는 것이 중요하다. 아이들은 집에서 거침없이 자기의 생각과 기분을 표현해야 한다. 그 표현이 가족들에게 자연스럽게 받아들이는 경험을 하게 되면, 아이는 언제 어디서나 자신을 표현하는 일에 자신감을 보이게 된다.

아이가 원활하게 자신을 표현하지 못하면 답답하고 억울한 일을 겪게 될 수도 있다. 이런 일이 반복되면 아이는 매사에 자신감이 없고 소극적인 모습을 보이게 된다. 그렇게 되면 아이는 학교에 가기 싫다거나 친구와 원만하게 어울리지 못할 수 있다. 이러한 모습은 아이가 성장하여 사회생활을 하는 데도 어려움이 될 수 있다. 여러 사람과 함께 살아갈 때 자기의 마음을 자유롭고 솔직하게 표현하지 못하면 많은 어려움 속에 살게 될 것이다.

"안 돼!"

"위험해!"

"하지 마!"

"조심해!"

내가 아이를 키우면서 수시로 했던 말이다. 아이가 위험한 행동을 할 때 반복적으로 하는 말이다. 아이들은 놀이터에서 그네를 너무 높이 타기도 하고, 높은 정글짐에서 뛰어내리려 하기도 한다. 그럴 때 나는 "위험해. 뛰지 말고 조심해서 내려와!"라고 소리친다. 아이가 안 내려오면 바로 밑에서 아이가 다칠까 봐 손을 뻗어 잡아준다. 아이가 위험에 처하면 구해야 하는 것이 나의 일이니까 그렇게 한다. 나는 "안 돼! 조심해! 하지 마! 왜 그랬어!" 같은 주의와 경고를 아이들에게 쉴 새 없이 외쳤던 경험이 있다. 다른 부모들도 대부분 이런 경험을 하며 아이를 키우고 있을 것이다. 부모로서 혹은 아이를 돌보는 사람으로서 우리는 얼마나 자주 "안 돼!"라고 외치는지 전혀 알지 못한 채 살아간다. "안 된다!"는 말을 하면서 왜 안 되는지 그 이유를 잘 모르기 때문이다. 오히려 '안 된다, 조심해'라는 말을 너무 많이 사용한다는 말에 대부분 사람이 문제의식을 느끼지 않는다. 오히려 위험한 행동을 바로잡아야 하는데 그러지 않는 것이 진짜 문제가 아니냐고 되묻는다.

내가 돌보는 아이는 남자아이라서 그런지 어딘가에 올라가서 뛰어내리는 것을 좋아한다. 아이가 뛰어내리는 것을 좋아하는 데는 이유가 있겠지만, 돌보는 나로서는 마음이 조마조마하다. 혹시라도 뛰어내리다 다치기라도 하면 돌보는 나의 책임으로 돌아오기 때문이다. 아이가 좋아해서 하는 것을 매번 막을 수도 없고 막는다고 안 할 아이도 아니라서 "조심해!"라는 말을 입에 달고 사는지도 모르겠다.

한번은 아이가 주방의 간이 조리대 위에 올라가서 인덕션 레인지를 자꾸만 켰다. 인덕션 레인지를 켜면 빨갛게 불이 들어오는 모습이 신기해서 자꾸 하고 싶은 것이었다. 나는 위험해서 안 된다고 아이를 끌어내리고, 아이는 계속 올라가기를 반복했다. 아이는 내가 끌어내리면서 못하게 하니까 그것도 재미있는지 더 열심히 올라갔다. 나는 이대로는 안 되겠다고 생각했다. 나의 노력으로도 아이가 통제되지 않을 때는 아이 엄마와 상의하는 게 좋다.

“아이가 인덕션 레인지를 자꾸만 켜고, 높은데 올라가서 뛰어내리는데 어떻게 할까요?”

“걱정하지 마세요. 자기가 만져보고 뜨거우면 다시는 안 만질 거예요. 뛰어내리다 아프면 조심할 거예요. 이모가 위험하다고 알려주었는데 말을 안 들었으니 다쳐도 이모 잘못 아니에요.”

나는 그 배려의 한마디가 고마웠다. 그 말은 아이를 믿고 자유롭게 하는 기회를 주라는 아이 엄마의 현명한 말이었다. 나는 아이를 다치지 않게 잘 돌봐야 한다는 강박에서 벗어날 수 있었다. 결국, 간이 조리대 위의 인덕션 레인지는 코드를 뽑고 사용을 중지했다. 그 과정에서 나는 자유로움을 얻게 되었다.

어쩌면 나는 아이를 잘 돌봐야 한다는 책임감에 “안 돼!, 하지 마!”를 외치며 아이의 호기심을 방해하고 있었는지도 모른다. 아이 엄마의 조언 이후로 나는 아이에게 좀 더 유연한 사고를 갖게 되었다. 내 마음이 유연해지자 아이가 하는 행동도 그렇게까지 위험해 보이지 않게 되었다. 현명한 엄마가 현명한 아이를 키운다.

세계적으로 유명한 놀이터 설계자 헬레 네벨롱이 말했다.

"아이들에게 '안 돼!'라고 자주 말하는 것은 아이들 내면에 공포심을 심어주는 것과 같아요. 처음부터 공포심을 가지고 태어나는 아이는 없으며, 본능적인 호기심으로 주변의 모든 것에 완전히 마음을 여는 게 아이들이기 때문이죠."

"안 돼! 위험해! 조심해!" 등의 말을 반복적으로 듣는 아이들은 본능적인 호기심을 만끽하기보다 그 말을 '너는 너의 일을 혼자서 해낼 수 없어!'로 받아들이게 된다. 그리하여 '안 된다'는 말에 자주 노출된 아이는 자신의 판단을 믿지 못하고 눈치를 보는 아이로 자라게 된다. 이러한 현상은 아이가 자기의 생각이나 기분을 표현하는 자유를 빼앗는 계기가 되기도 한다. 어떤 이유에서든, 이렇게 아이들을 통제하고 사사건건 참견하게 된다면 아이들은 자기 힘으로 세상과 만나고 배우며 자기를 표현할 기회를 잃어버린다. 현명한 부모들은 아이들이 세상에 다가가는 것을 막는 부정적인 말은, 아이가 세상 속에서 자기 자신을 새롭게 발견하고, 자신의 기분과 생각을 자유롭게 표현하는 기회를 없애는 일이라고 생각한다. 아이의 호기심과 자유로운 생각을 통제하는 행위는 아이에게 믿을 만한 관계를 맺는 일을 불가능하게 한다. 더욱 심각한 것은 자기 자신을 스스로 믿는 일, 즉 아이가 자기에게 믿음을 가지게 될 기회가 근본적으로 사라져버린다는 것이다.

언젠가 TV를 보는데 어떤 중학생 아들을 둔 엄마의 지나친 과보호가 아이를 올바로 성장하지 못하게 하는 경우를 보았다. 그 엄마가 하는 말이 자기 아들이 학교에서 돌아왔는데 교복이 먼지투성이가 되고 운동화 끈이 풀어진 채 왔단다. 엄마는 깜짝 놀라서 어떻게 된 일인지 물어보았단다. 그랬더니 아들이 운동화 끈이 풀어졌는데 끈 매는 방법을 몰라서 그냥 오다가 지하철을 탔단다. 사람이 많은 지하철에서 다른 사람이 자기 운동화 끈을 밟고 있었단다. 지하철에서 내리려는데 운동화 끈을 다른 사람이 밟고 있었기 때문에 넘어져서 사람들한테 밟혔다는 것이다.

이 엄마는 하나뿐인 아들이 너무 소중했고 그 소중한 아들에게 아무것도 하지 못하게 하고 엄마가 모든 것을 해주었다. 심지어 중학생이 된 아들을 세수시키고 교복 갈아입히고 밥까지 먹여 주었다. 그러니 운동화 끈도 당연히 엄마가 매주는 것이라서 끈이 풀린 채로 오게 된 것이다. 그 아들은 매사 엄마 없이는 아무것도 하지 않는다. 아니, 할 줄을 모른다. 그리고 자기의 생각이나 기분도 엄마가 다 알아주는 것이라 자기의 생각을 표현하지도 못한다.

나는 TV를 보는 내내 마음이 불편함을 느꼈다. 아이를 위한다는 행동이 아이가 스스로 세상을 살아가는 데 얼마나 큰 장애물이 되는지 모르는 엄마가 안타까웠다. 아무리 아이가 소중해도 그러지 않았으면….

현명한 부모라면 아이가 스스로 자신의 삶을 경험하고 해결해갈 수 있도록 아이를 믿고 자유를 허용해준다. 그렇게 해야 아이가 자기 자신을 믿고, 자유롭고 여유 있는 삶을 살아갈 수 있다고 생각하는 것이다. 이러한 부모의 교육을 받은 아이는 모든 면에 자신감을 보이고 자신의 기분이나 생각을 당당하게 말할 수 있는 자유를 누리게 된다. 이러한 자유로움은 아이가 능력 있는 성인으로 성장하는 발판이 된다.

부모가 아이들에게 자기 자신을 믿는 힘을 길러주게 하는 방법은 많다. 아이들에게 자신을 믿고 행동하는 힘이 있음을 진심으로 믿어줄 때, 아이들은 내면에 중요한 목표를 만든다. 그리고 그것을 향해 나아갈 때 자기의 생각이나 감정을 자유롭게 표현하며 자신의 삶을 만들어갈 것이다.

- 4 -

혼자 생각하는 힘을 가진 아이로 키워라

"깊은 사고의 습관은
아이의 창의력을 기르는 힘으로 작용한다."

어떤 문제가 발생했을 때, 그 문제에 대한 대답은 심각한 상황에 직면해 있는 당사자가 깊이 생각해야만 비로소 답을 얻을 수 있다. 남에게 들은 이야기로 문제를 해결할 수 있을 만큼 인생은 단순하지 않다.

– 호리바 마사오, 『남의 말을 듣지 마라』

아이를 키우면서 어떤 문제가 생겼을 때 우왕좌왕하며 다른 사람의 조언을 구하기에 앞서 먼저 자기의 생각을 가다듬고 확인하는 일은 대단히 중요하다. 그런데 습관적으로 자신의 이야기보다 타인의 이야기에 귀를 기울이는 사람들이 있다. 그런 사람들은 매번 타인의 조언을 구하기를 먼저 하게 되어 판단력이 흐려지며 올바른 결정을 하기 어려워진다. 자기의 생각을 먼저 가다듬으려면 다른 사람의 조언보다 자기의 생각을 정리하는 일이 습관처럼 되어야 한다. 그러므로 어떠한 문제가 생기면 자기의 생각을 먼저 살피는 연습을 통하여 스스로 생각하고 판단하는 힘을 길러야 한다.

아이도 자기 자신이 경험한 것과 배운 것에 대해 깊이 생각해보면서 스스로 사고하는 힘을 길러야 한다. 누구나 어떤 것에 대해서 깊이 생각하면 그것에 대한 새로운 사고가 확장되고, 그 사고로 인하여 생각지 못한 좋은 성과를 얻을 수 있다. 깊은 사고의 습관은 아이의 창의력을 기르는 힘으로 작용한다. 많은 위인이나 성공자들은 홀로 사색하기를 즐기는 특징이 있다. 그들은 자연과 더불어 사색을 하며, 자연의 위대함과 신비로움을 자신의 내면과 연결하는 노력을 아끼지 않았다. 그러므로 아이와 함께 자주 산책하며 자연과 하나 되고 그것을 깊이 있게 생각하고 서로 나누는 시간을 가져보는 것이 좋다. 수시로 바뀌는 자연의 변화에서 많은 생각과 영감을 얻는 힘을 기르게 된다.

아기들은 백일이 지나고 엉금엉금 기어 다니기 시작하면서부터 주위 환경이나 사물에 대해서 깊은 관심을 보이기 시작한다. 각종 다양한 물건이나 사람들에 대해서도 호기심을 강하게 느낀다. 마음에 드는 물건이 있으면 닥치는 대로 입으로 가져가 확인을 한다. 자신이 가지고 있는 물건을 이리저리 살피기도 하고 입으로 가져가 감촉을 맛보기도 하며 깊은 관심을 나타낸다. 아이가 깊은 관심을 나타낸다는 것은 깊이 사색하게 된다는 것을 의미한다.

아이에게 사색은 관심 있는 물건을 입으로 가져갔을 때의 느낌과 경험을 기준으로 시작된다. 그리고 그 생각이 내면에 차곡차곡 쌓이면서 점점 성장하게 된다. 아이가 앉을 수 있고 걸을 수 있을 만큼 자라면 더 긴 시간을 집중하며 탐색하게 된다.

내 딸아이의 경우 스스로 앉을 수 있을 때 우연히 그림책을 보게 되었다. 어느 날 집안 정리를 하는데 아이가 너무 조용해서 봤더니 유심히 그림들을 보고 있었다. 엄청 흥미로운 얼굴로 진지하게 책을 들여다보고 있었다. 그때부터 아이는 그림책을 보면 무조건 집어 들고 엉덩이를 들썩였다. 자기가 좋아하는 물건이라는 뜻이었다. 그때부터 나는 아이가 책을 집어 들고 집중하게 되면 조용히 아이를 지켜보는 습관이 생겼다. 아이가 충분히 책에 집중하도록 그 시간을 지켜주었다.

처음에는 10분의 시간으로도 충분하더니 서서히 30분, 1시간을 그림책에 집중하며 탐구하게 되었다. 아이는 점점 책도 보고 장난감도 만져가며 사색과 탐구를 즐기는 아이로 자라게 되었다. 성인이 된 지금까지도 딸아이는 이 좋은 습관을 유지하고 있다. 스스로 생각하는 힘은 충분한 자기 경험과 사색에서 나온다. 경험과 사색의 충분한 시간이 차곡차곡 쌓여서 창의적인 생각이 나오기 시작한다.

아이가 혼자 생각하는 힘을 기르게 하려면 아무에게도 방해받지 않는 조용한 공간을 마련해주는 것이 좋다. 아이의 집중력을 흩어지게 하는 소음들이 차단된 공간이 필요하다. 아이는 이 조용한 공간에서 자기만의 상상의 나래도 펴고 독서도 즐기며 혼자 생각하는 힘을 기르게 된다. 아이가 너무 오래 자신만의 세계에 빠져들면 내성적으로 변할까 봐 걱정하는 부모도 있을 것이다. 그러나 사색을 통하여 창의성을 발휘하는 아이가 무조건 활동적일 필요는 없다. 오히려 조용하고 깊이 있는 시간을 통하여 전문성을 기르거나 비판력을 가질 수 있다.

아이가 혼자 자신이 하는 일에 집중하게 되면 외롭고 힘들게 느껴질 수도 있다. 아이가 혼자 외롭다고 느낄 때는 잠시 부모님이 함께 있어주는 것이 도움이 된다. 아이와 함께 있어주면서 아이가 외로움을 이기는 방법을 같이 연구해보고 그것을 극복할 수 있어야 성공한다는 것을 알게 하자. 아이가 혼자서도 자유롭게 생각하고 놀면서 많은 시간을 보낼 수 있도록 도와주자.

오래전 월터 미셸이라는 미국인 심리학자는 4살 아이 643명을 대상으로 간단하지만 매력적인 실험을 진행했다. 미셸과 연구진은 아이들을 한 명씩 방에 마련된 의자에 앉게 하고 탁자에 마시멜로 한 개를 올려놓았다. 혼자 있는 아이에게 미셸이 그가 15분간 밖에 나갔다가 왔을 때 탁자에 마시멜로가 남아 있으면 한 개 더 주겠다고 말했다.

아이가 마시멜로를 먹었다면 실험은 끝나고 더 이상 마시멜로는 없다. 아이가 마시멜로를 먹지 않았다면 마시멜로를 한 개 더 받게 된다. 15분 만에 100% 보상이라면 4살이라 해도 그다지 나쁜 투자는 아니었다. 문제는 4살 난 아이에게 '지금' 원하는 것을 얻기 위해 15분간 기다리라고 말하는 것, 그게 문제였다. 그것은 성인에게 3시간 동안 커피를 마시지 말고 참으라는 것과 똑같다. 한마디로 상당히 긴 시간이었다.

그 결과 아이 3명 중 2명이 마시멜로를 먹었다. 일부는 5초, 1분, 2분 만에 먹었고 그보다 오래 참는 아이도 있었다. 어떤 아이는 13분간 참다가 결국 먹기도 했다. 하지만 3명 중 1명은 마시멜로를 먹지 않았다. 마시멜로를 쳐다보고 만지작대다가 제자리에 놓고, 심지어 핥기도 했지만 먹지는 않았다. 그 아이는 4살 때 이미 가장 중요한 성공 원칙인 자제력, 만족을 미루는 능력을 알고 있었다.

14년 뒤 사후 연구가 이루어졌다. 연구진은 처음 실험에 참석했던 아이들의 소재를 파악했다. 아이들은 이제 18~19살의 청년이 되어 있었다. 연구진들은 이들에게 무엇을 밝혀냈을까? 4살 때 마시멜로를 먹지 않았던 아이들은 잘해나가고 있었다. 그들은 대학 수학능력인 SAT와 ACT에서 마시멜로를 먹은 아이들보다 평균 213점 높은 점수를 받고 대학에 진학했다. 교사들 동료 학생들, 부모님과의 관계도 원만했다. 마시멜로를 먹은 어린이들보다 월등하게 생활에 잘 적응했다.

반면 마시멜로를 먹은 아이 중 다수는 대학에 진학하지 않고 막일을 했다. 그들은 수입이 적고 수입보다 지출이 많았다. 일부는 대학에 진학했지만 중퇴하거나 형편없는 성적을 받았다. 성공적인 사람은 겨우 몇 명에 불과했다.

– 호아킴 데 포사다, 엘런 싱어, 『마시멜로 이야기』

나는 마시멜로 이야기를 읽었을 때 정말 놀랍고 흥미로웠다. '4살 아이들이 마시멜로를 앞에 두고 15분이라는 긴 시간을 참으며 얼마나 많은 생각을 했을까, 그 생각의 깊이가 얼마나 될까?' 생각해보았다. 마시멜로를 안 먹고 참아낸 아이들의 긴 갈등의 시간이 애처로워 보였다. 그러나 한편으로는 성공한 아이들이 혼자 생각하며 참아낸 힘은 무엇일까 궁금하기도 했다. 그것은 아마 깊은 내면의 자아와의 싸움에서 이긴 것이 아닐까 생각한다. 자신을 이긴 경험이 있는 아이들이라서 14년 후에 성공한 삶을 만들지 않았을까?

아이가 혼자 생각하는 힘을 기르도록 하려면 아이에게 깊은 생각 후에 쉼을 제공해주는 것이 좋다. 깊이 생각하며 긴장했던 마음을 여유롭게 쉴 수 있는 시간을 마련해주는 것이 현명하다. 부모가 아이와 함께 여유 있는 시간을 즐기는 방법을 찾아보고, 찾아보는 그 시간마저도 즐기게 해보자. 아이와 함께 복잡한 일상을 떠나 자연을 찾아 여행해보거나 산책을 즐기는 것도 좋다. 자연의 거대하고 신비로움을 느끼며 너그러운 마음을 배우게 해보자. 그리하여 아이가 혼자 생각하는 힘을 기르는 법을 터득하게 하자.

국회에 참석한 책벌레, 박준석

준석이는 가습기 살균제로 인해, 만 1살 때 폐가 터져 후유증으로 천식을 앓고 있으며, 폐 기능의 약 50%를 잃었다.

그래서 또래보다 몸집이 훨씬 작다. 몸이 아파서 병원에 자주 입원해야 했기 때문에 학교에 결석하는 날이 많고, 학교에 가더라도 친구들과 뛰어놀 수 없다.

지난여름, 여의도 국회에서 열린 한 회의에 참석한 유일한 초등학생이 있었다. 초등학생이라고는 믿기지 않는 차분한 말솜씨는 물론, 자기 생각을 직접 정리한 글까지, 자신이 겪고 있는 참혹한 이야기를 담담하게 전하고 있었다. 발언이 계속될수록 어른들은 하나둘 고개를 숙였고 어느새 회의장은 눈물바다가 되었다.

"어른들은 우리에게 책임을 져야 한다면서 왜 실천을 안 합니까. 제발 잘못했으면 책임을 지십시오. 제발!"

준석이는 책벌레다. 집에는 무려 8,000여 권의 책들이 집안 곳곳에 벽이 보이지 않을 정도로 빼곡히 쌓여있다. 게임을 좋아하는 또래 아이들과는 달리 준석 군은 사회, 역사, 인문, 과학, 예술 분야까지 장르를 가리지 않고 책을 읽었다고 한다. 게다가 책을 읽은 후 자신만의 생각을 기록해 온 독서록이 1~2학년 때만 2,500여 개에 달한다. 아이는 책을 통해 자신만의 '지식은행'을 만들어 언제든 꺼내볼 수 있어서 좋다고 말한다.

- 5 -

속도보다는 방향을 제시해주자

"빠른 속도보다 올바른 방향으로 나아가도록 아이를 이끌어보자."

아이를 키우면서 부모들은 아이가 빠르게 성장하기 원한다. 같은 또래의 아이들과 비교해서 조금이라도 늦어지면 조급함을 보인다. 아이가 유아기에는 신체적인 발달에 초점을 맞추며 아이의 성장을 위해 신경을 쓰지만, 아이가 학교에 들어가면서 본격적인 공부가 시작되면 부모의 마음이 더 조급해진다.

그래서 아이들을 학교 공부 외에 학원과 과외를 통해서 좀 더 일찍 빠르게 배우기 원한다. 그래야 다른 아이보다 좋은 성적을 낼 수 있으며 그것이 명문대를 통해 성공을 향한 기반을 닦는다고 생각한다.

어떤 부모들은 아이가 초등학생 때부터 선행학습을 시작하여 자신의 학년보다 1~2학년 정도 높은 단계의 공부를 하길 바란다. 이렇게 무리하게 아이가 자신의 역량보다 어려운 공부를 하게 되면 아이는 공부가 부담스러워지고 재미없어진다. 공부는 즐겁고 재미있게 해야 능률이 오른다.

아이들은 저마다 타고난 성향과 성격이 다르다. 공부능력도 마찬가지다. 같은 내용을 알려줘도 받아들이는 깊이와 속도가 다르다는 것을 알아야 한다. 그렇기에 부모가 자녀의 속도에 맞춰 학습 계획을 세워주는 것이 중요하다. 다른 아이가 효과적이라 말하는 학습법이 우리 아이에겐 쓸모없을 수도 있다. 하지만 이 시기엔 이게 필수라는 주변 엄마들의 고급스러운 정보에 마음이 흔들릴 때도 있다. 요즘은 아이가 빠르게 공부하기를 바라는 선행학습이 만연한 시대이다. 부모에게는 내 아이에게 맞는 공부 속도를 찾고, 속도보다는 아이가 무엇을 원하는지 알아보고 아이가 원하는 방향을 제시해주는 것이 훨씬 중요하다.

초등학교 2학년 성민이의 어머니는 아이가 너무 느리다며 걱정을 했다. 성민이는 3대가 함께 사는 집안에서 애지중지 자랐다. 할머니 할아버지의 사랑을 받다 보니 급한 게 없다. 특히 할머니의 관심은 성민이가 원하기도 전에 모든 것을 해주었기 때문에 아이는 아쉬울 것이 없는 아이로 자랐다. 성민이 엄마가 아이의 공부를 신경 쓰면 "공부는 학교 가서 배우면 되니 아직은 안 해도 된다. 아이들은 건강하게 자라기만 하면 돼."라면서 도통 공부를 시키지 못하게 하셨다. 성민이 엄마는 애가 탔지만, 시어머니가 아이를 끼고도는 바람에 어찌할 수가 없었다.

그런데 문제는 초등학교 입학하고 나서 일어났다. 아이가 알림장도 써오지 않고 받아쓰기도 잘못하는 것이었다. 몇 줄 되지 않는 일기도 아예 쓰려고 하지 않았다. 게다가 다른 아이라면 10분도 걸리지 않을 학습지 숙제도 몇 시간 걸리기가 일쑤였다. 그래서 성민 엄마는 아이를 야단치게 되었고 그러다 보니 아이와 사이가 더 멀어지는 상황이 되었다.

가뜩이나 시어머니께 불만이 있던 차에 아이 문제가 불거지니 성민이 엄마는 시댁과 분가를 제안했다. 결국 많은 갈등 끝에 성민네는 분가하게 되었고 성민이 엄마는 아이의 교육을 도맡아 하기 시작했다. 성민이 엄마는 우선 아이가 학교생활에 지장이 없도록 기본적인 공부를 가르쳤다. 그리고 아이가 무엇을 좋아하는지 성향을 파악하려고 노력했다. 아이가 좋아할 만한 것을 찾아 좋아하는 것을 실컷 하게 해주고 싶었다.

처음에는 거부반응을 일으키던 아이도 점점 엄마의 뜻을 받아들이고 규칙적인 아이로 변하기 시작했다. 아이와 함께 지내다 보니 아이가 창의력도 있고 우수한 지능을 가지고 있다는 것도 발견하게 되었다. 그래서 성민 엄마는 아이가 제일 관심을 보이는 로봇 만들기를 시작하도록 여건을 마련해주었다. 성민이는 로봇 만들기에 재미를 붙였다. 로봇 만들기에 재미를 붙인 아이는 자기 스스로 무언가를 만들어서 완성했다는 성취감에 도취되었다. 그러한 성취감이 쌓이며 아이는 모든 면에 자신감이 생겼고, 학교나 친구들과의 관계에서도 긍정적인 모습을 보이게 되었다.

아이는 자신에게 맞는 속도로 자라야 건강한 마음과 정신을 가지게 된다. 건강한 마음과 정신은 아이를 바르게 자라는 영양분이 되어 아이의 미래를 밝힌다. 이제 미래는 다양한 방향으로 발전되고 있다. 성적을 위한 선행학습보다는 아이가 원하는 것을 파악하고 그 방향에 목표를 세우고 그 목표가 성공으로 이어질 수 있도록 도움을 줘야 한다. 공교육이 원하는 전반적인 공부에 모든 에너지를 쏟을 것이 아니라 아이가 잘하는 것에 초점을 맞추어 전문적인 지식을 습득하게 하는 것이 더 좋다.

은영이는 초등 3학년이다. 은영이 부모님은 서울에서 초등 수학학원을 사업으로 운영하신다. 은영이는 어린 시절부터 부모님의 학원에서 살다시피 했다. 그래서 자연스럽게 수학을 배우게 되었고 다른 아이들에 비해 공부를 곧잘 했다. 그런 은영이에게 부모님의 기대도 자연스럽게 커지게 되었다. 아이가 초등학교에 입학하면서 은영이 부모님의 기대는 표면적으로 나타나게 되었다. 은영이 부모님은 아이가 학교에서 모든 면에서 1등을 하기를 바랬고 아이는 부모의 뜻을 따라 주었다.

은영이 부모님이 은영이한테 거는 기대는 다른 부모들과는 조금 다르다. 은영이는 부모님이 운영하는 학원의 자녀라는 것 때문에 다른 아이들의 본보기가 되어야 했다. 그래서 은영이는 다른 아이보다 더 많이 공부해야 하고 더 빠르게 선행학습을 해야 했다.

아이는 자신이 하는 공부가 힘겨웠지만, 부모님께 말하지 못했다. 은영이 부모님은 자신이 해야 할 공부를 하지 않으면 엄하게 벌하셨고 가끔은 체벌도 하셨다. 은영이에게 공부는 점점 부담으로 다가왔고 아이는 나날이 지쳐갔다. 1학년은 그렇게 잘 지나갔으나 2학년이 지나고 3학년이 되면서 은영이는 5학년 수학을 공부하는 단계에 이르렀다.

아이는 더 이상 버티기 힘들었는지 몸이 아프기 시작했다. 어떤 날은 머리가 아프다고, 또 어떤 날은 배가 아프다고 하소연했다. 은영이 부모님은 처음에는 아이가 꾀병을 앓는다 생각해서 대수롭지 않게 생각했다. 하지만 아이의 상태는 점점 나빠졌고 은영이 부모님은 그제야 아이의 상태가 좋지 않다는 것을 감지하고 병원의 도움을 받게 되었다.

자동차를 운전할 때도 적정 속도를 지키며 운전해야 안전하다. 어떤 일이든지 알맞은 속도와 방향이 있다. 그 속도와 방향을 준수하지 않으면 탈이 나게 마련이다.

은영이는 병원에 다니며 치료를 받고 있다. 지금은 선행 공부를 멈춘 상태이며 아이가 좋아하는 그림을 그리는 것에 충분한 시간을 보내고 있다. 은영이는 자신이 좋아하는 그림을 그리는 일에 모든 에너지를 쏟으며 자기 내면의 깊은 자아를 만날 것이다. 그렇게 만난 자아는 좀 더 건강하고 창의력 넘치는 아이로 바뀔 수 있는 계기가 될 것이다. 그리하여 아이는 자신의 재능을 승화시켜 자신을 밝히고 선한 영향력으로 다른 사람들을 돕는 아이로 자라게 될 것이라 믿는다.

아직도 우리나라의 대다수 학원이 초등학생에겐 중학교 진도를, 중학생에겐 고등학교 진도를 권하는 게 현실이다. 부모들의 내 아이만 뒤처지면 어쩌나 하는 조바심은 학습 속도를 높일 생각으로 이어지게 마련이다. 아이들이 초등학교 고학년이나, 중 · 고등학생이 되어 대학 입시를 앞두게 되면 선행학습 속도는 가파르게 올라간다. 모든 학습엔 적기가 있다며 소신을 지키던 엄마들도 마음이 흔들리게 마련이다.

6학년 어떤 아이는 자기가 초등학생인지 중학생인지 혼란스럽다는 말을 한다. 학교에서 초등 6학년이지만 학원에서는 이미 중학교 내용을 배우기 때문이다. 이러한 것이 부모 관점에서 볼 때는 아무것도 아닌 것처럼 보일지도 모른다. 하지만 아이들의 정체성에는 큰 혼란을 주는 요인으로 작용하기도 한다. 특히 초등 공부가 완전히 다져지지 않은 상태에서 중학 공부를 하다 보니 혼란은 더욱 가중된다. 학교에서 배우는 초등 공부도 아직 어려운데 학원 가면 더 알아듣지 못하는 중학 공부를 하고 있으니 아이들이 얼마나 혼란스러울지는 안 봐도 알 수 있는 상황이다.

부모들이 돈 들여 학원에 보내 학교보다 미리 가르쳐서 학교의 수업에 대해 아이들이 흥미를 잃게 만드는 착오를 범한다. 다시 말하면 부모들이 귀한 돈 들여서 아이가 학교 공부에 흥미를 잃도록 한다는 말이다. 현재 사교육의 가장 큰 문제는 학생들이 학교와 수업에 흥미를 잃어버리게 한다는 것이다.

미래의 아이들이 살아갈 세상은 시험성적만으로 성공할 수 있는 확률이 줄어드는 사회로 변해가고 있다. 4차 산업혁명, 인공지능, 빅 데이터를 외치는 시대에 살면서 아직도 주입식 교육으로 이루어진 선행학습만이 답이라 여기고 있는가? 무조건 앞만 보며 달리는 선행학습이 아이를 성공으로 안내해줄 열쇠라는 기대는 내려놓는 것이 좋다. 이 순간에도 미래의 아이들이 살아갈 세상을 미리 내다보고 아이가 가야 할 방향을 제시하고자 노력하는 부모들이 많다. 아이는 멀리 보고 키워야 한다. 멀리 보면 많은 것을 볼 수 있다. 많은 것을 보면 그중 내 아이에게 맞는 것을 올바로 선택할 여유가 생긴다. 그 여유로운 마음으로 아이를 키워보자. 빠른 속도보다는 올바른 방향으로 나아가도록 아이를 이끌어보자. 그것이 현명한 부모의 선택이다.

- 6 -

아이와 더 많은 시간을 보내라

"짧은 시간이라도 아이와 몸을
부대끼며 자주 놀아주자."

부모는 아이를 통해서 살아가는 의미를 깨닫게 되고 아이는 부모를 통해서 세상을 배운다. 부모가 아이와 함께하는 모든 것을 공유할 수 있는 것처럼 행복한 일은 없다. 그만큼 아이와의 시간은 소중하고 더할 수 없는 기쁨을 준다. 그뿐만이 아니라 아이와의 시간은 아름다운 기억을 만들어준다. 그런데 요즘 세상은 부모들도 바쁘지만, 아이들도 매우 바쁘다. 아침에 깨어나는 순간부터 저녁 잠자리에 드는 순간까지 각자 바쁜 시간을 보낸다.

부모들은 부모 나름대로 직장생활과 사회생활을 균형 있게 이루어 나가기 위해 자신의 시간을 조율하느라 바쁘다. 아이들은 학교생활을 해야 하고 학원도 다녀야 해서 바쁘다. 부모와 아이 각자 바쁘다 보니 하루에 한 번 얼굴 보기도 쉽지 않은 경우가 많다. 하지만 그런 중에도 부모와 아이들이 함께하는 시간을 일부러라도 만들어야 한다. 아이와 함께 식사하거나 운동을 함께하라. 아이와 함께 영화를 보거나, 산책하며 대화하라. 무엇이든 어떠한 일이든 아이와 함께하는 시간을 갖는 게 중요하다. 왜냐하면 부모가 아이들과 함께할 시간이 생각보다 길지 않기 때문이다. 아이들이 커서 부모를 떠날 때가 오면 그때부터 부모는 아이들과의 추억을 먹고살기 때문이다. 그래서 아이들과 함께하는 시간은 중요하다.

나의 아이들도 이제 다 성장하여 가정을 꾸리고, 직장에 몸담아 각자의 바쁜 생활로 눈코 뜰 새 없다. 나도 일을 하고 있기는 하지만 아이들과 주말에 만나서 서로 얼굴 보며 밥이라도 한 끼 먹으려 하면 서로의 시간을 맞추어야 하는 번거로움이 있고 각자 나름대로 약속이 있어서 쉽게 만날 수 없다. 품 안의 자식이라고 한다. 아이가 부모 품 안에 있을 때 더 많은 시간을 함께 보내지 않으면 떠나고 난 뒤에 후회하게 된다.

나도 젊은 시절에 아이들을 키우며 살아갈 때는 먹고사느라 정신없어서 아이들과 충분히 놀아 줄 시간을 갖지 못했다. 그때는 열심히 돈 벌어서 아이들에게 좋은 것 해주는 게 아이를 위한 일이라고 생각했다. 그러나 지나고 보니 돈을 버는 것보다 더 중요한 것은 아이들과 함께 추억을 만드는 시간이라는 것을 깨닫게 되었다.

아이들이 초등학교 고학년 무렵 처음으로 가족끼리 해외여행을 할 기회가 생겼다. 그 여행은 남편의 친구 가족들과 함께 가는 여행이었다. 그때 나는 직장을 다니고 있었기 때문에 시간 내기가 어려웠다. 나는 식구들과 여행 간다고 직장에 말하기가 싫어서 남편과 아이들만 보내기로 했다. 지금 생각하면 얼마나 어리석은 결정이었는지 모른다. 그러나 그때의 나는 그것이 옳다고 생각했던 것 같다. 그 생각 속의 하나는 해외여행 경비의 부담도 있었다.

나는 남편과 아이들만 여행을 보냈다. 남편과 아이들이 여행을 떠났던 날 나는 혼자서 저녁을 먹으며 괜스레 끓어오르는 눈물을 참지 못하고 엉엉 실컷 울었다. 20년 세월이 흐른 지금 그때의 생각에 다시 눈시울이 붉어진다. '그때 아이들과 함께 여행했으면 얼마나 좋았을까?' 하고 후회한다. 평생 다시 돌아올 수 없는 추억을 놓쳐버린 것이 가슴 아프다. 이렇게 지나간 시간은 어찌할 수 없이 좋은 기억으로도, 아픈 기억으로도 가슴에 남게 된다. 부모가 아이를 키우면서 모든 순간을 함께할 수는 없지만 그래도 중요한 순간에는 함께해서 추억을 만드는 것이 좋다. 어린아이들은 엄마 아빠와 함께 시간을 보내기 원한다. 부모가 아이와 함께 시간을 보내는 가장 쉬운 방법은 아이와 함께 놀아주는 것이다. 아이에게 놀이는 중요한 경험이기도 하다. 아이는 놀이를 통해서 많은 것을 경험하며 배우기도 하지만, 부모와 함께하는 놀이는 다른 어떤 것에서도 느낄 수 없는 감정적 연결을 경험하는 것이다. 아이가 놀아달라고 할 때 그 마음을 받아주는 자체로도 훌륭한 놀이가 시작된다. 퇴근하고 집에 돌아왔을 때 아이가 달려와서 안기는 순간의 행복감은 이루 말할 수 없다. 달려와 안기는 아이를 안고 한 바퀴 돌아주는 것도 놀이다. 아이가 혼자 놀다가 지루해져서 놀아달라고 안기는 그 순간, 아이의 마음을 받아주는 그 자체가 놀이의 시작이다.

간혹 아이랑 놀아주는 것을 부담스럽게 생각하는 부모가 있다. 어떤 놀이를 어떻게 하며 놀아주어야 할까 막연하게 생각한다. 그러나 아이와 놀아주는 것에는 따로 어떤 형식이 있는 것이 아니다. 아이와의 놀이에서 부모가 아이를 이끌어야 한다는 생각을 버려야 잘 놀아줄 수 있다. 그냥 아이가 초대한 놀이에 선선히 응해주면 되는 것이다. 아이가 스스로 선택한 놀이를 아이가 선택한 방법으로 놀이할 때 함께하면 되는 것이다. 아이가 선택한 놀이 과정에 함께 참여하는 것이 원하는 대로 제대로 놀아주는 부모 모습이다.

부모가 아이와 함께 놀아줄 계획을 세울 때 부모 관점에서 장소나 놀이를 선택하는 것은 좋은 방법이 아니다. 부모가 아이의 놀이를 선택하는 것이 아니라 아이가 정말로 좋아하는 놀이를 함께해주는 것이 좋다. 아이가 좋아하는 놀이가 무엇인지 아이의 의견을 존중하고 함께 놀아보는 시간을 가져보자. 이때 반드시 돈을 많이 쓰거나 멀리 갈 필요는 없다. 아이랑 집에서 컴퓨터 게임을 같이하고, 학교 운동장에서 공놀이하거나 산책하는 것도 좋다. 아이와 간단한 요리를 함께 만들어도 좋고, 레고 블록 조립을 같이하며 공동 작품을 만들어도 좋을 것이다.

우리 가족은 아이들이 어렸을 때 여름이면 바다나, 강이나 계곡에서 놀고 오는 경우가 많았다. 강이나 계곡, 바닷가에는 평상시에 보지 못하는 여러 종류의 풀이나 꽃, 그리고 곤충들이 있다. 특히 계곡에는 못 보던 곤충들이 많다. 우리 아들은 유난히 곤충을 싫어했다. 한번은 계곡으로 가족끼리 캠핑을 갔다. 나와 남편은 계곡의 그늘 밑에 자리를 잡고 가지고 온 물건을 나르고 있었다.

아이들은 마음이 급해서 튜브를 챙기고는 계곡으로 달려갔다. 막 달려가던 아들이 갑자기 멈춰서더니 꼼짝을 하지 않는 것이었다. 우리는 아들의 행동이 의아했지만, 별일 아닌 듯해서 계속 짐을 날랐다. 그런데 한참을 지나도 아이가 그 자리에 가만히 멈춰있는 것이었다. 내가 아들을 불렀다. 그러나 아들은 대답도 하지 않고 계속 그 자리에서 움직이지 않고 있었다.

나는 덜컥 겁이 났다. 무슨 일이 일어났나 보다 하고 남편과 나는 아들이 있는 곳으로 달려갔다. 달려가서 보니 아이가 계속 한곳을 응시하고 있었다. 아이가 응시하는 곳을 보니 까만 잠자리 한 마리가 풀잎에 앉아서 아이와 대치를 하고 있었다. 아이는 자기가 움직이거나 말을 하면 잠자리가 자기한테 달려들까 봐 꼼짝하지 못하고 있었단다. 남편과 나는 마주 보며 한참을 웃었다. 우리 아들은 성인이 된 지금도 곤충을 끔찍하게 싫어한다. 그중에 잠자리를 제일 싫어한다. 나는 최근에 성인이 되어서도 곤충을 싫어하는 사람이 많다는 것을 알게 되었다.

나는 아이들이 벌레를 무서워하면 “벌레가 크니, 네가 크니! 네가 훨씬 큰데 왜 무서워해?”라고 한다. 그 말을 할 때면 그 계곡의 검정 잠자리가 생각난다. 이렇게 아이들과의 추억은 살아가는 내내 좋은 에너지로 마음을 따뜻하게 해준다.

부모가 보기에 아이의 행동이 어리고 유치하게 보이더라도 이해하려고 노력할 필요가 있다. 아이와 함께 놀기 위해서는 좋은 친구가 되려는 마음가짐이 먼저 필요하다. 부모와 친구가 되어 노는 아이에게 그 시간은 오로지 즐기는 것에 몰입하게 된다.

아이들은 몸으로 놀아주는 것을 좋아한다. 아이와 놀아줄 때 신체 접촉이 많은 놀이를 하는 것이 좋다. 부모와 몸으로 놀면 아이의 신체 건강에도 도움이 된다. 심폐기능을 좋게 하고 근육을 튼튼하게 하는 마사지나 안아주기를 해주자. 그런 행동은 아이에게 사랑받고 있다는 느낌을 준다. 아이가 부모에게 사랑받는다는 느낌을 받으면 부정적인 감정이 완화되고 정서적 안정에도 도움이 된다. 짧은 시간이더라도 아이와 몸을 부대끼며 자주 놀아주자. 그리고 아이가 노는 모습을 옆에서 따뜻한 사랑의 눈빛으로 바라보자. 이런 부모의 사랑의 눈빛은 아이가 행복하게 살아가는 에너지로 아이의 내면을 가득 채울 것이다.

- 7 -

미래에 어떤 일을 하고 싶은지 찾게 하라

"부모는 아이 스스로 생각하고 결정하는 힘을
어렸을 때부터 길러주어야 한다."

모든 인간의 첫 번째 의무는 바로 자신에 대한 의무다. 누구나 충만하고 행복한 삶을 살아가는 방법을 찾아야 할 의무가 있다.

— 나폴레온 힐, 『결국 당신은 이길 것이다』

아이가 태어나 부모의 사랑으로 성장하고, 어른이 되어 결혼하고 아이를 낳아 기르기를 반복하며 인류의 역사가 이루어지고 있다. 아이는 부모로부터 세상을 배우고 부모 또한 아이를 기르면서 인생의 의미를 배우게 된다. 그러므로 부모와 아이는 서로가 도움의 대상인 것이다. 아이가 세상을 살아가려면 부모의 도움이 필요하지만, 아이 스스로 자신의 삶을 주도할 수 있는 용기와 힘도 필요하다.

그러므로 부모는 아이에게 자신의 삶을 만들어갈 수 있는 주도권을 주어야 한다. 하지만 많은 부모가 자기의 뜻대로 아이가 자라기를 바란다. 아이의 기준에서 바라보기보다 부모의 기준에서 아이의 미래를 결정하는 경우가 많다. 부모가 아이의 미래를 결정하고 키우면 아이는 홀로서기를 배우기가 힘들어진다. 그래서 부모에게 의존하는 삶을 살게 된다. 부모에게 의존하는 아이들은 나약하고 자기 결정권이 없어서 어려운 상황이 되면 헤쳐 나가려는 의지가 약하다. 그래서 부모에게 의존하며 자라는 아이는 행복하지 않다. 아이가 행복할 수 있는 권리를 부모가 쥐고 있기 때문이다.

요즘 신조어로 '캥거루족'이라는 말이 있다. 캥거루족이란 대학 졸업 후 취직할 나이가 되었어도 취직하지 않고 부모님에게 얹혀사는 자식을 말한다.

내 친구는 중학교 교사로 재직 중이며 남편은 사업체를 운영하여 경제적으로 여유로운 생활을 하고 있다. 내 친구는 아들 하나만 낳아서 부족함 없이 키웠다. 아들은 공부도 잘하고 초등학생 때는 전교 회장을 할 만큼 통솔력도 있었다. 내 친구는 아이가 자신이 바라는 대로 잘 자라주는 것이 기분 좋았고 기특하게 생각했다. 그리고 아이가 모든 면에서 우수한 결과를 보이니까 기대감이 커졌다. 내 친구는 교사라서 아이의 미래에 대한 모든 계획을 잘 짜서 그대로 아이에게 적용하며 키우게 되었다.

친구는 아이가 공부에 집중하도록 학원보다는 과외를 하게 했고, 학업 스트레스를 해소하고 마음이 편안해지라고 바이올린도 가르쳤다. 방학이면 국내는 물론 외국 여행을 다니며 아이에게 넓은 세상을 알게 하려고 노력했다. 그렇게 계획하고 노력한 만큼 아이는 좋은 대학에 합격했다. 대학과 대학원을 마치고 취직도 한 번에 성공했다. 친구는 세상 부러울 것이 없다고 좋아했다. 그러나 내 친구 아들은 첫 회사의 업무량이 많아 힘들다며 6개월도 버티지 못하고 회사를 그만두게 되었다. 그 이후로 여러 번 회사를 바꾸기를 반복했다. 그렇게 아들은 직장생활에 적응하기를 어려워했다. 엄마가 이끌어준 대로 살아왔기 때문에, 홀로서기를 배울 기회가 없었고 혼자서 모든 것을 헤쳐 나갈 힘이 부족했던 것이었다.

친구는 아들을 남편의 회사에 다니게 해보았지만, 적성이 맞지 않는다고 그만두었다. 아이는 점점 의기소침해지고 아예 밖에 나가지도 않는다고 했다. 친구는 자기 아들이 분명 모든 것을 잘하던 아이였기 때문에 시간이 좀 지나면 괜찮아질 거라 믿었다. 하지만 몇 년 지나도 아들은 변하지 않았다. 이제는 취직도 바라지 않으니 집에서 나가 독립만 했으면 좋겠다고 한다. 그리고 아이가 어렸을 때부터 스스로 할 수 있도록 결정권을 주지 않고 자기의 뜻대로 키웠던 게 잘못이라며 후회했다. 이렇듯 무작정 부모의 뜻대로 아이를 키울 것이 아니라 아이에게 어떤 일을 하고 싶은지 계속 물어보고, 스스로 결정하게 하는 것이 중요하다.

나는 친구를 보면 안타까운 마음이 든다. 아이를 키우기 위해 들였던 노력과 정성이 헛수고가 되어버려서, 자신의 인생까지도 우울하다고 말하는 친구에게 어떤 위로의 말을 해야 할지 모르겠다.

부모는 아이를 위해서 모든 것을 아끼지 않고 해준다. 그러나 그 아끼지 않는 노력이 아이를 약하게 만들 수 있다는 것을 너무 늦게 알게 된다. 아이가 부모의 일방적인 교육 방식만 따라서 순종하며 자라면 아이는 부모의 틀 안에서 벗어나지 못하게 된다. 아이가 부모에게 의존하며 자신의 결정권 없이 세상을 살아간다면 아이는 불행감을 느끼게 된다.

세상의 어떤 부모도 자신의 아이가 불행하게 되는 것을 원하지 않는다. 그러므로 부모는 아이에게 스스로 생각하고 결정하는 힘을 어렸을 때부터 길러주어야 한다. 아이가 미래에 어떤 일을 하고 싶은지, 왜 그 일을 선택하려 하는지 충분히 생각하고 결정할 수 있도록 방향을 제시해 주어야 한다. 아이가 주어진 환경에 흔들리지 않고, 누구에게도 의존하지 않고 홀로 서게 하기 위해서는 아이가 주인이 되도록 키워야 한다. 자기가 중심이 되어 스스로 성장하는 아이는 시간이 갈수록 강인하게 살아갈 수 있다.

한스 크리스티안 안데르센은 1805년 4월 2일, 덴마크 제2의 도시 오덴세에서 태어났다. 아버지는 구두 수선공이고 어머니는 세탁부였으며 집안 형편은 늘 어려웠다. 외아들 안데르센은 밖에서 뛰어놀기보다는 혼자 인형 놀이를 즐기는 내성적이고 예민한 성격이었다. 어렸을 때부터 글 쓰는 것을 좋아한 안데르센은 11살 때 동화를 써서 여러 사람에게 보여주기도 했다. 하지만 그 글을 읽은 사람들은 그의 글을 엉터리라고 조롱했다. 그리고 그냥 평범한 아이인 그의 글에 별다른 관심을 기울이지 않았다. 안데르센은 몹시 실망했다. 그의 어머니는 그 모습을 안타까워했다. 안데르센의 어머니는 그를 꽃밭으로 데려가 새싹을 보여주며 말했다.

"아가 여기 이 작은 새싹을 보아라. 아직은 여리고 보잘것없지만, 곧 잎이 자라고 크게 되면 아름다운 꽃을 피울 거야. 그러니 너도 실망하지 마라. 지금은 여린 봉오리에 지나지 않지만, 나중에는 세상에서 가장 아름다운 꽃을 피울 수 있을 거야. 그리고 세상 모든 사람을 행복하게 해줄 거야."

안데르센의 어머니는 항상 그의 마음에 용기를 심어주었다. 이때 어머니의 위로는 안데르센이 나중에 동화 작가가 되는 데 큰 힘이 되었다. 안데르센은 학교에서 열심히 공부하면서 틈틈이 시를 써서 재학 중에 「죽어가는 아이」라는 제목의 시를 발표해 의외로 호평을 받았다. 그는 연기사가 되려고 했지만, 시를 발표한 이후에 작가가 되기로 마음먹는다. 자신의 재능을 선보인 안데르센은 대학을 졸업한 뒤에 작가가 되었다.

그는 30살 때 이탈리아 여행에서 느낀 점을 「즉흥 시인」이라는 소설로 발표했다. 안데르센이 유명해지자, 어느 해 여름 한 귀족이 안데르센을 자신의 집에 초대하였다. '가난해서 힘들게 살고, 공부를 못 할 수도 있었던 내가 귀족의 만찬에 초대되다니!' 그는 설레는 마음으로 귀족의 집을 찾아갔다. 대저택의 아름다운 정원을 거닐다가 연못에서 헤엄치고 있는 백조를 보았다. 그리고 물에 비친 자신의 모습을 보고 생각에 잠겼다. '얼마 전까지 나는 무척 초라했는데, 이런 날도 있구나.' 안데르센은 가난과 그로 인해 사람들에게 멸시받고 고생했던 일들이 떠올랐다. 그러다가 연못에서 못생긴 아기 백조를 보았다. '지금은 볼품없고 초라하지만, 곧 어미처럼 멋진 백조가 되겠지.' 그런 생각을 하다가 쓰게 된 작품이 바로 「미운 아기 오리」다. 안데르센은 풍부한 상상력과 아름다운 문장으로 평생 130여 편의 동화를 발표해 많은 사랑을 받았다. 어머니를 모델로 한 「성냥팔이 소녀」, 자신을 모델로 한 「인어 공주」를 비롯해 「엄지 공주」, 「벌거벗은 임금님」 등 안데르센의 동화는 아이들뿐만 아니라 어른들에게도 큰 감동을 주고 있다.

부모는 아이가 스스로 자기 삶의 방향에 대하여 생각해보고, 그 생각 속에서 자신이 되고자 하는 바를 찾을 수 있도록 도와주어야 한다. 아이가 미래에 어떤 일을 하고 싶은지, 그 일을 하며 어떤 사람으로 살아가고 싶은지 충분히 고민하게 해야 한다. 그리하여 아이들이 진정 자신이 하고자 하는 일을 거침없이 할 수 있는 기회를 제공해야 한다. 이제는 부모의 관점에서 아이를 키우려 하지 말고 아이의 관점에서 바라보는 연습을 하자.

앞으로는 아이들이 자기 삶의 주인공으로 살아갈 수 있도록 만들어가야 한다. 새로운 시대의 변화에 따라 아이들이 미래에 진짜 하고 싶은 일을 찾게 해주자. 그리하여 진짜 나를 발견하는 아이로 키워보자. 아이가 제대로 된 선택을 했을 때 스스로 자신이 특별한 사람이라는 것을 깨닫게 될 것이다. 자신의 특별한 가치를 알게 된다면 '최고의 나 자신'이 되고자 기꺼이 모든 것을 바칠 각오를 할 것이다. 나 자신을 발견하는 방법 중 가장 좋은 것은 다양한 독서를 통하여 글을 쓰고 책을 출간하는 것이다. 4차 산업혁명 시대에 아이와 함께 책을 써서 1인 창업으로 아이의 미래를 준비해보기를 권한다.

꼬마 피아니스트, 박지찬

화제의 주인공 꼬마 피아니스트 박지찬 군이 있다. 대중가요부터 팝송, 고난도의 클래식까지 다양한 장르를 넘나들며 수준급 솜씨를 뽐내는 지찬이. 더 놀라운 건 7살 때 피아노를 시작해 실력이 쑥쑥 성장하더니, 지금은 독학으로 피아노를 공부하고 있다.

지찬이는 온종일 피아노 연주에 몰입하며 지낸다. 그래서 행여 이웃에 방해가 될까 봐 가족은 아파트 1층으로 이사를 했다. 새로운 곡을 연주하는 과정도 남다른 지찬이는 애니메이션 영화를 보다가 귀에 들어오는 음악이 있으면 몇 번 반복해 듣고는 30분 만에 완벽히 재현한다. 한 번 들으면 악보를 보지 않아도 바로 연주가 가능한 놀라운 청음 능력의 소유자다. 지찬이는 그렇게 자신이 좋아하는 다양한 곡을 악보 없이 연주해낸다.

이런 놀라운 재능을 가지고 있는 지찬이를 가장 지지해주는 존재는 바로 부모님이다. 피아니스트의 꿈을 꾸는 아이들 대부분이 고난도 클래식을 섭렵하며 콩쿠르에 나가고 예중 입시를 준비한다. 그렇지만 지찬이는 대중음악이나 영화 OST 등 자기가 좋아하는 곡만 자유롭게 연주하고 싶어 해서 부모님의 고민이 깊다. 〈영재 발굴단〉에서는 지찬이와 김요한 군을 만나게 해준다. 요한 군의 부모님은 이렇게 조언한다.

"아이가 좋아서 하는 일, 자신이 하고 싶어 하는 일, 그거면 된 거 아닐까요?"

자신이 좋아하고 하고 싶은 것을 일찍부터 찾은 지찬이와 요한 군. 그런 아이들이 참 대견스럽고 멋있다는 생각이 든다!

- 에필로그 -

각자의 길을 씩씩하게 걸어갈 아이들을 위하여

부족한 책을 끝까지 읽어준 독자들에게 감사의 인사를 전한다. 아이의 미래를 준비하고자 저자의 책을 선택해 읽는 모든 사람이 자녀 교육에서 행복을 느꼈으면 한다.

자녀가 성인이 되어 스스로 인생을 살아가도록 이끌어주는 것이, 부모의 책임이며 보람이다. 자녀 교육에 대한 방법은 많지만, 확실한 정답은 없는 것 같다. 부모와 아이가 순간순간 부딪히는 상황을 현명하게 선택하며 살아가는 것이 진정한 자녀 교육이 아닐까 생각한다. 부모가 아이를 잘 키우기 위해 고민하다 보면 어느새 아이들은 성장하여 각자의 길을 가고 있다. 눈 깜짝할 사이에지나가 버리는 시간이다. 이 귀한 시간에 부모는 많은 것을 해야 하지만, 가장 중요한 것은 아이가 스스로 살아가야 할 미래를 어느 정도 예측하고 준비해주는 것이다.

이 책을 읽고 독자들은 아이의 미래를 어떠한 방향으로 준비해야 하는지 조금은 알게 되었을 것이다. 아이의 미래는 부모들이 생각하는 것보다 빠르게 변화하기 때문에, 망설여서는 안 된다. 지금부터라도 책을 읽고 글을 쓰며 아이만의 콘텐츠를 만드는 것에 집중하게 해보자. 아이와 소통과 공감을 통해 생활 습관을 관리하고, 아이의 미래를 위해 온라인 세상에서 실컷 놀게 해보는 것도 추천한다. 분명 부작용은 있기 마련이다. 그러나 부작용을 우려해서 아무것도 안 하면 발전이 없다. 부작용은 서로 노력하여 좋은 방향으로 개선해가면 된다.

전 세계적으로 위대한 사람 곁에는 훌륭한 부모님이 있다. 자녀들이 온라인 세상에서 우리나라를 넘어 세계적인 인물로 자랄 수 있도록 훌륭한 부모가 되자.